JN114702

数 学 の
計 算 革 命

〈三訂版〉

清　史弘　著

― 計算方法はわかる。でも，試験になると間違ってしまう。―

― せっかく解いたことがある問題が出たのに，問題の最初で

　　　　　計算ミスをしたためほとんど点がなかった。―

― 解ける問題だったのに時間が足りなくて最後まで解けなかった。―

― こんなに計算ミスが多いなんて！

　　　　　もう，どうしたらいいのかわかりません。―

　本書はこんな受験生の生の声にこたえる計算の書です。もちろん，一部
計算の裏技も身につきますが，それが本書の真の目的ではありません。使
用法を十分に熟読してから始めてください。

駿台文庫
SUNDAIBUNKO

はじめに

　本書は受験数学の学習において計算に苦労している受験生に支持を得ている手法を広く多くの人に実践してもらうためのものです。すでに16年の実験期間を経て[1]その効果は試されており，他にも私が高校の先生を対象にした講演会で発表した後でそれを実践した高校の先生からも効果が多く報告されています。

　それでは，本書の考え方と本書の利用方法を順を追って説明しましょう。

① 受験数学に必要な３つの力

　数学の研究者に必要な数学の力と大学受験に必要な数学の力を比べると，もちろん共通部分はあるものの相違点も多く存在します。その中でも大きな相違点は，大学入試の問題は「短時間で解決可能な問題である」ということと「制限時間がある」ということでしょう。もしも，「明日までにこの問題を解け」とか「この問題を解決することが自分のライフワークだ」のようなことであれば，いろいろと試行錯誤してみるとか，面倒な計算はコンピューターにさせるなどの方法が可能です。しかしながら実際の大学入試の場合はいかに答の存在する問題であるとはいえ短時間に的確に，そして正確に解答しなければなりません。私は，このような学力検査の方法が「偏った方法」であると考える一方で「現状では仕方ない」とも考えます。そして，このような方法で評価されてしまう以上，こちらもこのような方法でより高く評価される方法を考えなければなりません。

　さて，私は大学入試数学のように制限時間内に少しでも点を多く取ったものが（ある意味能力に関係なく）評価される試験の場合は経験上次の３つの力が必要であると考えます。その力とは

① 思考力
② 知識力
③ 実行力（計算力）

です。まず，この３つの力について説明しておきましょう。

① 思考力

　この力がなぜ必要なのかについての説明は不要でしょう。しかしながらここで重要な点は入試数学の問題を解くためにはこの力がすべてではないということな

---
[1] 2024 年 1 月現在

のです。

② 知識力

「知識が多いことは本番の入試で大いなる力になる」と考えて私はあえて「知識力」と呼びます。極端なことをいえば，いくら数学といえども定義などを覚えなければ問題は解けないということになりますが，私が言いたいのはそのようなことに限らず，「知っていたから気がついた」「知っていたから解法を思いついた」などのことも多々あるということなのです。例えば，次のような問題の場合です。

例1 t が 0 以上の実数全体を動くとき，直線 $y=3t^2x-2t^3$ の通過範囲を求めよ。

この問題については，「t についての 3 次方程式 $2t^3-3xt^2+y=0$ が 0 以上の解をもつ条件」を求めることで解決するのがよく知られた方法ですが，この直線が曲線 $y=x^3$ の $x=t$ における接線であることを<u>知っていれば</u>，次のような解法も可能です[2]。

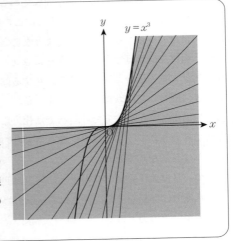

$y=x^3$ のとき，$y'=3x^2$ であるから，$x=t$ におけるこの曲線の接線の方程式は，

$$y=3t^2(x-t)+t^3$$

すなわち，

$$y=3t^2x-2t^3$$

である。したがって，与えられた直線 $y=3t^2x-2t^3$ は $x=t$ における $y=x^3$ の接線であるから，$x\geqq0$ における曲線 $y=x^3$ の接線の通過範囲を考えて右のようになる。ただし，境界を含む。

もう一つ，数学Ⅲの積分を例に挙げてみましょう。

例2 不定積分 $\displaystyle\int\frac{1}{\sqrt{x^2+1}}\,dx$ を求めよ。

この問題については，$x=\tan\theta$ とおく，あるいは $x+\sqrt{x^2+1}=t$ とおくなどの置換をして求めるのが一般的ですが，もしも

$$\int\frac{1}{\sqrt{x^2+1}}\,dx=\log\left(x+\sqrt{x^2+1}\right)+C \qquad (C\text{は積分定数})$$

という事実を「知っている」場合は次のような解答も十分可能です。

---

[2] 実際に，与えられた方程式から「$y=x^3$」を見つける方法はあります。

$$\{\log(x+\sqrt{x^2+1})\}' = \frac{1}{x+\sqrt{x^2+1}} \times (x+\sqrt{x^2+1})'$$

$$= \frac{1}{x+\sqrt{x^2+1}}\left(1+\frac{x}{\sqrt{x^2+1}}\right)$$

$$= \frac{1}{x+\sqrt{x^2+1}}\cdot\frac{\sqrt{x^2+1}+x}{\sqrt{x^2+1}}$$

$$= \frac{1}{\sqrt{x^2+1}}$$

となるから

$$\int\frac{1}{\sqrt{x^2+1}}\,dx = \log(x+\sqrt{x^2+1})+C$$

である。

このような解法は「知っているからできる解法」であって，知らない人には思いつきもしない解法でしょう。結果として，知識力によって思考力の不足分を補うこともできる場合があるのです。

③ 実行力（計算力）

作業をミスなく正確に遂行する力のことです。数学の場合この作業として主なものには「計算」があります。これは数学の学習の中では地味で軽視されがちですが，計算力が不足している人は試験の点には結びつきません。私はこれまでに東大に現役で入った人を何人も指導してきましたが，その中の多くは「問題集や授業で扱ったうまい解法は本番では思いつかなかったけど，計算で乗り切った」という人であり，私から見ると「こんな解法では非常に重たい計算になるはず」というものでも「それでも必死にやり遂げた」という人が多く合格しているのは事実です。つまり，人によっては「思考力」の不足を「実行力」で補うこともできるのです。

さて，数学の学習には以上の3つの力が必要ですが，どれを重視するかはその人の個性によります。この中で個人差が大きいもの，いわゆる数学的な「才能」によるものは「思考力」でしょう。逆に最も努力しだいで伸ばすことが可能なものは「実行力（計算力）」でしょう。よく，思考力が抜群にあって東大に楽々と合格した人が家庭教師をしたときに「すべての人が自分と同じようにうまくいく」と考えてその人に教わった人が大失敗することがあります[3]。入試数学に関して「自分がうまくいった方法で他の人もうまくいくはず」とは必ずしもいえず，ここで紹介した3つの

---

[3] 東大生の家庭教師がすべてこのようであるわけではありません。

力をその人の「個性」にあわせた伸ばし方をしていくことが大切なのです。本書では
この3つの力のうち「実行力」を伸ばすために書かれました。

2 誤った学習法

　受験生の多くは次のような経験をします。みなさんの場合はどうでしょうか。

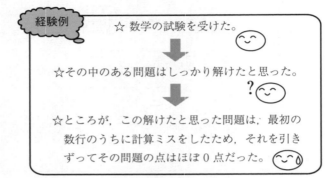

経験例

☆ 数学の試験を受けた。

☆その中のある問題はしっかり解けたと思った。

☆ところが，この解けたと思った問題は，最初の
　数行のうちに計算ミスをしたため，それを引き
　ずってその問題の点はほぼ0点だった。

　さて，このときの計算ミスは式の展開であったとしましょう。このような場合この
後で「式の展開」について復習すべきでしょうか。

　ここで計算ミスには，次の2通りがあることを確認しましょう。

　　① 計算方法がよく理解していなかったために間違った。

　　② 計算の精度が悪くてあるいは正確さが足りなくて間違った。

　①については該当分野をしっかり復習することが大切です。しかし，受験期後半に
なって受験生を悩ませるのはほとんどの場合が②なのです。

　よく②のミスをした人には「たまたま間違っただけ」と言い訳する人もいますが，
重要なことはその「たまたま間違った」の頻度が多いことなのです。この②の原因に
ついて私と私の研究所の研究員とで細かく分析しある程度結論は出ているのですが，
この中で多くの人に共通するもの（役に立つ方法）を本書で行おうと考えています。
もうおわかりでしょうが，本書の目的は

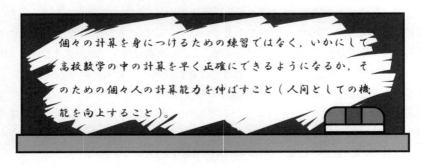

個々の計算を身につけるための練習ではなく，いかにして
高校数学の中の計算を早く正確にできるようになるか，そ
のための個々人の計算能力を伸ばすこと（人間としての機
能を向上すること）。

なのです。この能力は「手順を間違えずに早く処理できる力」の数学版で広く言えば受験生が社会に出ても必要とされる力なのです[4]。

③ 本書の数学的手法

それでは，計算を速く正確に行うにはどのようにするとよいでしょうか。まず，計算を速く進めるためには普通の人が2行，3行あるいはそれ以上かかって計算するところを頭の中でさっと1行で行わなければなりません。そのためには正確な暗算力が必要になるのです。

もちろん暗算といっても「算数」の暗算ではないのですが，例として36×23の計算で説明します。

小学生はこれを右のように縦書き計算をして計算します。ところが，簡単な計算までいつまでもこの通り行っていては計算は遅いままです。

$$
\begin{array}{r}
36 \\
\times)\ 23 \\
\hline
108 \\
72\ \ \\
\hline
828
\end{array}
$$

さて，この計算を暗算でできるためにはまず36×3の結果108を頭の中に覚えておかなければなりません。私はこのとき必要な記憶力を**短期的記憶力**と呼んでいます。この108（＝36×3）を次の36×2＝72を計算する間覚えておいて，108＋720＝828を計算するのです。

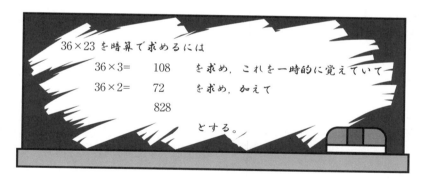

いくつかのことを覚えておきながら同時に別のことをする，このような力は年齢とともに衰えていく力ですが受験生の年齢であれば十分伸ばすことのできる能力なのです。

さて，それでは実際このような「算数の暗算」を毎日行えばよいのかということを考える人もいるかもしれません。しかし，それでは退屈なので長続きしませんから，どうせなら一石二鳥も考えて受験に直接役に立つ計算の練習をメニューとして用意しました。

---

[4] 少々極端な言い方をすれば，アナウンサーが「原稿を読み間違えずに読む能力」，ピアニストが「間違えずに曲を弾ききる能力」，サッカー選手が「あわてていても間違えずにパスを出す能力」です。

4 本書の使用上の注意

　以下に本書の使用上の注意を記します。本書は使い方が大切ですので厳格に守ってください。

① 　各節によって計算内容が異なります。ここでは自分勝手に計算するのではなく，必ず指示に従った方法で計算してください。従わないと効果が半減します。

② 　各節の内容は1週間単位です。1週間同じ計算が続きますが，少しずつ難しくなっており7日目の内容は結構難しいです。また，各節は7日間かけて実施してください。各節をまとめて2，3日で行わない方がよいでしょう。

③ 　習慣化すること。

　一日の内容は答あわせをする時間を入れても10分から15分程度です。これを一日の中で同じ時間に行う習慣をつけましょう。朝起きてすぐに解く習慣でもよいですし，寝る前に解く習慣でもよいです。また，休まず続けるようにしてください。休むと元に戻ってしまいます。

④ 　まず，各節の「計算方法」をよく読んでどのように計算するのかを理解してください。その後，1日目から7日目までありますがまず問題を時間内に解きます。制限時間Aは特別目標時間，制限時間Bは標準目標時間です。解いた後でページをめくると解答が現れます。節によっては詳しい解答がページをめくったところにありますが，これは必要に応じて利用してください。このとき，次の日の問題を極力見ないようにしましょう。

⑤ 　「今回紹介した方法すべてを試験のときに必ず実行するべきである」といっているわけではありません。今回は能力を伸ばすために指示した方法で行うようにということであって，試験のときには安全な方法をとるべきかどうかは各自の判断に任せます。

⑥ 　各自，一週間の中で何回か満点を取るようでなければなりません。なぜなら，仮に毎回5題ずつ解いてどの日も必ず1題以上間違うようでは，少々極端な見方をすれば，5行に1回間違うような計算の精度しかないということになります。そのような人は本番の入試で必要な20行，30行の計算を正しくできる可能性は非常に低いわけです。したがって，そのような人はどれだけ難しい問題集で難しいことを理解しても，そして，いくらやさしい問題が出題されたとしても正解にはたどり着けないということになるのです。次のページに「達成表」がありますから，各自の出来具合を記しておきましょう。視覚化することによって，安定してできているか，出来不出来の波があるかがはっきりします。

⑦ 　付録として「追加補充編」があります。第1部，第2部，第3部を終えてさらに意欲のある人は取り組むとよいでしょう。題材は第1部あるいは第3部と同じものですので，同じ章の解説をもう一度読み直して取り組んでください。

5 動画視聴について

　二次元コードのあるセクションは,計算方法の実況動画を視聴することができます.スマートフォンやタブレット端末等で読み取ってご利用ください.実況動画を視聴することで理解が深まりますので,積極的に活用してください.

※コンテンツ使用料は発生しませんが,インターネット接続に際し発生する通信料は自己負担となります.

達 成 表

　次の表に記入例を参考に進度，あるいは成績を記入しておきましょう。解いた日を書き込むのもよいかもしれません。

〔記入例〕

　・その日の問題が全問正解であれば，該当する部分を黒く塗りつぶす。

　・その日の問題が1題間違えた程度であれば，該当する部分を薄く塗りつぶす。

　・その日の問題が2題以上間違えた場合は，該当する部分は白紙としておく。

◆数学 I・A，II・B・C 標準編

	1日目	2日目	3日目	4日目	5日目	6日目	7日目
第 1 回							
第 2 回							
第 3 回							
第 4 回							
第 5 回							
第 6 回							
第 7 回							
第 8 回							
第 9 回							
第10 回							
第11 回							
第12 回							
第13 回							

◆数学Ⅲ 標準編

	1日目	2日目	3日目	4日目	5日目	6日目	7日目
第 14 回							
第 15 回							
第 16 回							
第 17 回							
第 18 回							

◆数学Ⅰ・A，Ⅱ・B・C 発展編

	1日目	2日目	3日目	4日目	5日目	6日目	7日目
第 19 回							
第 20 回							
第 21 回							
第 22 回							

◆数学Ⅰ・A，Ⅱ・B・C 追加補充編

	1日目	2日目	3日目	4日目	5日目	6日目	7日目
第 23 回							
第 24 回							
第 25 回							
第 26 回							

目　　　次

第1部　数学Ⅰ・A，Ⅱ・B・C　標準編

第2部　数学Ⅲ　標準編

第1部
数学 I・A，II・B・C
標準編

第1回 多項式の展開
Standard Stage

目標 すべての計算の基本である「式の展開」を速く正確にできるようになる。

革命計算法
Revolutionary Technique

問題 1–1 から問題 1–7 まで, すべて与えられた式を展開し整理すること。このときに途中の計算の式を書かずに一気に (展開して整理した) 結果を書くようにすること (途中の計算は頭の中で行うこと)。

どうしても難しい場合に限り途中の計算を 1, 2 行書いてもよいが, 極力途中の式を書かずに結果を書くようにすること (そうでないと効果が薄れてしまう)。

例1

$(x^2 + 4x + 1)(3x - 4)$ 程度であれば, 一気に頭の中で計算して

$$(x^2 + 4x + 1)(3x - 4) = 3x^3 + 8x^2 - 13x - 4$$

のみを書くようにする。

例2

$(x^2 + x - 4)(x^2 - 3x + 2)$ の場合も, 一気に頭の中で計算して

$$(x^2 + x - 4)(x^2 - 3x + 2) = x^4 - 2x^3 - 5x^2 + 14x - 8$$

のみを書くようにする。

例3

$(x + 3)(x - 4)(x + 2)$ の場合は, 次の程度であれば途中を書いてもよいが, できるだけ一気に計算し, 結果のみを書くこと。

$$(x + 3)(x - 4)(x + 2) = (x^2 - x - 12)(x + 2)$$
$$= x^3 + x^2 - 14x - 24$$

次の式を展開して整理せよ。

(1) $(x^2 + 3x + 1)(4x - 3)$

(2) $(x^2 - 4x - 2)(2x - 5)$

(3) $(2x^2 - 4x + 3)(3x + 7)$

(4) $(3x^2 + x - 2)(-3x + 1)$

(5) $(2x^2 - 5x - 4)(4x - 5)$

(6) $(4x^3 - 2x^2 + 3x + 4)(2x - 3)$

(7) $(2x^3 - 5x^2 + 2x - 3)(-3x + 4)$

(8) $(5x^3 - 4x^2 + x - 3)(3x + 5)$

問題 1−1 解答

(1) $4x^3 + 9x^2 - 5x - 3$

(2) $2x^3 - 13x^2 + 16x + 10$

(3) $6x^3 + 2x^2 - 19x + 21$

(4) $-9x^3 + 7x - 2$

(5) $8x^3 - 30x^2 + 9x + 20$

(6) $8x^4 - 16x^3 + 12x^2 - x - 12$

(7) $-6x^4 + 23x^3 - 26x^2 + 17x - 12$

(8) $15x^4 + 13x^3 - 17x^2 - 4x - 15$

次の式を展開して整理せよ。

(1)　$(x^2 - 3x + 1)(2x - 5)$

(2)　$(3x^2 - 4x + 2)(3x - 4)$

(3)　$(x^3 - 7x^2 + 4x - 2)(x + 3)$

(4)　$(x^3 + x^2 - 5x - 4)(2x + 1)$

(5)　$(2x^3 - 6x + 2)(x - 2)$

(6)　$(3x^3 + x^2 - 4)(2x - 3)$

(7)　$(2x^3 + 3x^2 - x - 2)(3x + 1)$

(8)　$(x^2 - 3x + 2)(x^2 + x - 4)$

問題 1−2 解答

(1) $2x^3 - 11x^2 + 17x - 5$

(2) $9x^3 - 24x^2 + 22x - 8$

(3) $x^4 - 4x^3 - 17x^2 + 10x - 6$

(4) $2x^4 + 3x^3 - 9x^2 - 13x - 4$

(5) $2x^4 - 4x^3 - 6x^2 + 14x - 4$

(6) $6x^4 - 7x^3 - 3x^2 - 8x + 12$

(7) $6x^4 + 11x^3 - 7x - 2$

(8) $x^4 - 2x^3 - 5x^2 + 14x - 8$

制限時間 A：**5** 分	実施日	月 日	得点	／8
制限時間 B：**8** 分	実施日	月 日	得点	／8

次の式を展開して整理せよ。

(1) $(5x^2 - 6x + 3)(2x - 5)$

(2) $(x^3 + x^2 - 5x - 2)(4x - 3)$

(3) $(2x^3 + x^2 + 4x - 1)(x + 6)$

(4) $(3x^3 - 5x^2 + 2)(2x + 3)$

(5) $(x^2 + 2x - 3)(x^2 + x - 1)$

(6) $(3x^2 - x + 1)(x^2 - 2x - 4)$

(7) $(2x^2 + 4x - 3)(x^2 - 2x + 1)$

(8) $(x^2 + x - 2)^2$

問題 1−3 解答

(1) $10x^3 - 37x^2 + 36x - 15$

(2) $4x^4 + x^3 - 23x^2 + 7x + 6$

(3) $2x^4 + 13x^3 + 10x^2 + 23x - 6$

(4) $6x^4 - x^3 - 15x^2 + 4x + 6$

(5) $x^4 + 3x^3 - 2x^2 - 5x + 3$

(6) $3x^4 - 7x^3 - 9x^2 + 2x - 4$

(7) $2x^4 - 9x^2 + 10x - 3$

(8) $x^4 + 2x^3 - 3x^2 - 4x + 4$

制限時間 A：**5** 分	実施日	月 日	得点	／8
制限時間 B：**8** 分	実施日	月 日	得点	／8

次の式を展開して整理せよ。

(1) $(x^2 + 6x + 3)(2x - 7)$

(2) $(2x^3 - x^2 + 3x - 1)(3x - 2)$

(3) $(3x^3 + 2x^2 - 5x + 2)(2x - 1)$

(4) $(x^2 + 6x + 4)(x^2 - x - 3)$

(5) $(2x^2 + x + 2)(x^2 - 3x - 4)$

(6) $(2x^2 + x - 3)^2$

(7) $(x^2 - 3x - 5)^2$

(8) $(x^3 - 3x^2 - 5x + 1)(x^2 + 2x + 3)$

問題 1-4 解答

(1) $2x^3 + 5x^2 - 36x - 21$

(2) $6x^4 - 7x^3 + 11x^2 - 9x + 2$

(3) $6x^4 + x^3 - 12x^2 + 9x - 2$

(4) $x^4 + 5x^3 - 5x^2 - 22x - 12$

(5) $2x^4 - 5x^3 - 9x^2 - 10x - 8$

(6) $4x^4 + 4x^3 - 11x^2 - 6x + 9$

(7) $x^4 - 6x^3 - x^2 + 30x + 25$

(8) $x^5 - x^4 - 8x^3 - 18x^2 - 13x + 3$

問題 **1−5**	今週のテーマ	**多項式の展開**					
		1	2	3	4	**5**	6	7
制限時間 A：**5** 分	実施日		月	日		得点	／8
制限時間 B：**8** 分	実施日		月	日		得点	／8

次の式を展開して整理せよ。

(1) $(x^3 - x^2 + 3x + 5)(3x - 1)$

(2) $(2x^3 - 5x + 4)(5x + 3)$

(3) $(3x^2 - 5x + 7)(x^2 + x - 2)$

(4) $(x^3 + x^2 + 6x - 2)(x^2 - x - 3)$

(5) $(3x^3 - 2x^2 + 7x - 3)(x^2 + 2x - 4)$

(6) $(4x^3 - 5x^2 + 2)(x^2 - 3x + 1)$

(7) $(x + 2)(x + 3)(x - 1)$

(8) $(x - 1)(x + 4)(x + 3)$

13

問題 1−5 解答

(1) $3x^4 - 4x^3 + 10x^2 + 12x - 5$

(2) $10x^4 + 6x^3 - 25x^2 + 5x + 12$

(3) $3x^4 - 2x^3 - 4x^2 + 17x - 14$

(4) $x^5 + 2x^3 - 11x^2 - 16x + 6$

(5) $3x^5 + 4x^4 - 9x^3 + 19x^2 - 34x + 12$

(6) $4x^5 - 17x^4 + 19x^3 - 3x^2 - 6x + 2$

(7) $x^3 + 4x^2 + x - 6$

(8) $x^3 + 6x^2 + 5x - 12$

次の式を展開して整理せよ。

(1) $(2x^3 + x^2 - 4x + 3)(x^2 - 5x + 2)$

(2) $(3x^3 - x^2 + 5x + 2)(2x^2 - 6x + 3)$

(3) $(2x + 1)(x + 3)(2x - 1)$

(4) $(2x - 3)(x + 2)(3x - 2)$

(5) $\left(3x^2 + \dfrac{3}{2}x - \dfrac{1}{2}\right)(x^2 + 4x + 3)$

(6) $\left(2x^2 + \dfrac{1}{3}x - \dfrac{4}{3}\right)(x^2 + 2x + 6)$

問題 1−6 解答

(1) $2x^5 - 9x^4 - 5x^3 + 25x^2 - 23x + 6$

(2) $6x^5 - 20x^4 + 25x^3 - 29x^2 + 3x + 6$

(3) $4x^3 + 12x^2 - x - 3$

(4) $6x^3 - x^2 - 20x + 12$

(5) $3x^4 + \dfrac{27}{2}x^3 + \dfrac{29}{2}x^2 + \dfrac{5}{2}x - \dfrac{3}{2}$

(6) $2x^4 + \dfrac{13}{3}x^3 + \dfrac{34}{3}x^2 - \dfrac{2}{3}x - 8$

制限時間 A： **5** 分	実施日　　　　月　　　日	得点	／6
制限時間 B： **8** 分	実施日　　　　月　　　日	得点	／6

次の式を展開して整理せよ。

(1) $(x^3 - 5x^2 - 4x + 2)(2x^2 - 6x + 7)$

(2) $\left(2x^2 + \dfrac{1}{3}x - 1\right)^2$

(3) $(x + 1)(x + 3)(x + 5)$

(4) $\left(x^2 + \dfrac{3}{4}x - \dfrac{1}{4}\right)(2x^2 + 3x - 1)$

(5) $\left(2x^2 - \dfrac{2}{3}x + 3\right)\left(x^2 + \dfrac{5}{3}x - 2\right)$

(6) $\left(x^2 + \dfrac{3}{2}x - \dfrac{1}{3}\right)\left(x^2 - \dfrac{1}{3}x - \dfrac{3}{2}\right)$

問題 1-7 解答

(1) $2x^5 - 16x^4 + 29x^3 - 7x^2 - 40x + 14$

(2) $4x^4 + \dfrac{4}{3}x^3 - \dfrac{35}{9}x^2 - \dfrac{2}{3}x + 1$

(3) $x^3 + 9x^2 + 23x + 15$

(4) $2x^4 + \dfrac{9}{2}x^3 + \dfrac{3}{4}x^2 - \dfrac{3}{2}x + \dfrac{1}{4}$

(5) $2x^4 + \dfrac{8}{3}x^3 - \dfrac{19}{9}x^2 + \dfrac{19}{3}x - 6$

(6) $x^4 + \dfrac{7}{6}x^3 - \dfrac{7}{3}x^2 - \dfrac{77}{36}x + \dfrac{1}{2}$

第2回 多項式の割り算（中級編）
Standard Stage

目標 多項式の割り算が一気に速くできるようになることを目指す。多項式の割り算が速く正確にできるようになることは，因数分解も速く正確にできることにもなり，因数分解の計算を含む様々な計算に影響する。以下に紹介する方法は「上級者向きの計算」である。

革命計算法
Revolutionary Technique

多項式の割り算は縦書き計算で行う方法もある。もちろん多項式の割り算の初学者は縦書き計算でもよいが，簡単なものまでいちいち (縦書き計算を) 行っていたのでは計算のペースが落ちてしまう。そこでここでは上級者が普通に行う次のような計算の練習を行う。

例として，$f(x) = x^3 - 5x^2 + 3x + 1$ を $g(x) = x + 3$ で割る計算で説明しよう。この場合は

$$x^3 - 5x^2 + 3x + 1 = (x+3)(ax^2 + bx + c) + p \qquad \cdots\cdots ①$$

の形に表すことができれば完成である。

[1]　$f(x)$ は 3 次式，$g(x)$ は 1 次式であるから $f(x)$ を $g(x)$ で割った商は 2 次式になる。ここで，① の a と $x+3$ の x の係数 1 をかけたものが ① の左辺の x^3 の係数であるから a の値は 1 となる。この段階で次のようになる。

[1]　$x^3 - 5x^2 + 3x + 1 = (x+3)(x^2$

[2]　次に ① の b の値を決める。今のところ ① は

$$x^3 - 5x^2 + 3x + 1 = (x+3)(x^2 + bx + c) + p$$

まで決定している。ここで右辺の x^2 の係数は (その部分だけ計算して) $3 + b$ となりこれが左辺の x^2 の係数 -5 と一致するので

$$-5 = 3 + b \qquad \therefore \quad b = -8$$

となる。したがって，この段階で次のようにまで書くことができる。

[2]　$x^3 - 5x^2 + 3x + 1 = (x+3)(x^2 - 8x$

19

$\boxed{3}$ 次に ① の c の値を決める。今のところ ① は

$$x^3 - 5x^2 + 3x + 1 = (x + 3)(x^2 - 8x + c) + p$$

まで決定している。ここで, 右辺の x の係数は $3 \times (-8) + c = -24 + c$ である。これが左辺の x の係数と一致するので

$$3 = -24 + c \qquad \therefore \quad c = 27$$

となる。したがって, この段階で次のようになる。

[3] $\quad x^3 - 5x^2 + 3x + 1 = (x + 3)(x^2 - 8x + 27)$

$\boxed{4}$ 次に ① の p の値を決める。今のところ ① は

$$x^3 - 5x^2 + 3x + 1 = (x + 3)(x^2 - 8x + 27) + p$$

まで決定している。ここで, 右辺の定数項は $3 \times 27 + p = 81 + p$ である。これが左辺の定数項 1 と一致するので

$$1 = 81 + p \qquad \therefore \quad p = -80$$

となる。したがって, 次のように割り算が完成されることになる。

[4] $\quad x^3 - 5x^2 + 3x + 1 = (x + 3)(x^2 - 8x + 27) - 80$

実際に計算する場合は枠囲みの [1], [2], [3], [4] の順で書き上げて, 最終的には [4] だけが残るように (途中計算は書かないで) 仕上げること。

念のため, もう 1 つ例を出しておこう。今度は, $f(x) = x^4 + x^3 - 3x^2 + 2x + 3$ を $g(x) = x^2 - x + 2$ で割った商と余りを求めることにする。

今度の場合は 4 次式を 2 次式で割っているので商は 2 次式, 余りは 1 次以下の多項式であるから

$$x^4 + x^3 - 3x^2 + 2x + 3 = (x^2 - x + 2)(ax^2 + bx + c) + px + q \qquad \cdots\cdots ②$$

の形に変形することを目指せばよい。

$\boxed{1}$ まず, a が決定する。左辺の x^4 の係数は 1, 右辺をこのまま展開したときの x^4 の係数は a であるから $a = 1$ となる。ここで, 次まで決定する。

[1] $\qquad x^4 + x^3 - 3x^2 + 2x + 3 = (x^2 - x + 2)(x^2 \cdots$

$\boxed{2}$ 次に ② の b を決める。$a = 1$ が決定したので右辺の x^3 の係数は $-1 + b$ である。これに対して左辺の x^3 の係数は 1 であるから $-1 + b = 1$, したがって, $b = 2$ となる。これで次まで決定する。

[2] $\qquad x^4 + x^3 - 3x^2 + 2x + 3 = (x^2 - x + 2)(x^2 + 2x \cdots$

$\boxed{3}$ 次に ② の c を決める。ここまでで $a = 1$, $b = 2$ が決まったので, ② の右辺を展開したときの x^2 の係数は $2 - 2 + c = c$ である。一方, ② の左辺の x^2 の係数は -3 であるから $c = -3$ となる。ここまでで次まで決定する。

[3] $\qquad x^4 + x^3 - 3x^2 + 2x + 3 = (x^2 - x + 2)(x^2 + 2x - 3) \cdots$

$\boxed{4}$ 次に ② の p を決める。ここまでで $a = 1$, $b = 2$, $c = -3$ が決まったので, ② の右辺を展開したときの x の係数は $4 + 3 + p = p + 7$ である。一方, ② の左辺の x の係数は 2 であるから, $p + 7 = 2$ より $p = -5$ となる。したがって, 次まで決定する。

[4] $\qquad x^4 + x^3 - 3x^2 + 2x + 3 = (x^2 - x + 2)(x^2 + 2x - 3) - 5x \cdots$

$\boxed{5}$ 最後に ② の q を決める。ここまで求めた値から ② の右辺の定数項は $q - 6$, 一方の左辺の定数項は 3 であるから, $q - 6 = 3$ より $q = 9$ である。したがって, 次のように完成する。

[5] $\qquad x^4 + x^3 - 3x^2 + 2x + 3 = (x^2 - x + 2)(x^2 + 2x - 3) - 5x + 9$

実際には [1], [2], [3], [4], [5] の順に書き上げて [5] を残すようにしたい。

次のページからの問題はすべて $f(x)$ を $g(x)$ で割った商と余りを求める問題である。問題文に

$$f(x) = x^3 - 5x^2 + 3x + 1, \quad g(x) = x + 3$$

とあれば，一気に

$$x^3 - 5x^2 + 3x + 1 = (x+3)(x^2 - 8x + 27) - 80$$

と書くようにせよ。

問題	今週のテーマ	多項式の割り算（中級編）					
2−1	**1**	2	3	4	5	6	7

制限時間 A： **5** 分	実施日	月 日	得点	／5
制限時間 B： **8** 分	実施日	月 日	得点	／5

次の $f(x), g(x)$ に対し $f(x)$ を $g(x)Q(x)+r(x)$ の形で表せ。ただし $Q(x), r(x)$ は多項式で $r(x)$ の次数は $g(x)$ の次数より小さいものとする。

(1)　$f(x) = x^3 - 4x^2 + 5x + 1,\quad g(x) = x - 2$

(2)　$f(x) = x^3 + 2x^2 - 3x + 2,\quad g(x) = x + 1$

(3)　$f(x) = x^3 - x^2 + 5x + 4,\quad g(x) = x + 2$

(4)　$f(x) = x^3 + 5x^2 - 7x + 3,\quad g(x) = x - 4$

(5)　$f(x) = x^3 + 3x^2 - x + 1,\quad g(x) = x + 1$

問題 2−1 解答

(1) $x^3 - 4x^2 + 5x + 1 = (x - 2)(x^2 - 2x + 1) + 3$

(2) $x^3 + 2x^2 - 3x + 2 = (x + 1)(x^2 + x - 4) + 6$

(3) $x^3 - x^2 + 5x + 4 = (x + 2)(x^2 - 3x + 11) - 18$

(4) $x^3 + 5x^2 - 7x + 3 = (x - 4)(x^2 + 9x + 29) + 119$

(5) $x^3 + 3x^2 - x + 1 = (x + 1)(x^2 + 2x - 3) + 4$

時間に余裕のあるときは $x = 1$ などの値を両辺に代入して確認しよう。

次の $f(x), g(x)$ に対し $f(x)$ を $g(x)Q(x)+r(x)$ の形で表せ。ただし $Q(x), r(x)$ は多項式で $r(x)$ の次数は $g(x)$ の次数より小さいものとする。

(1)　$f(x) = x^3 + 3x^2 - 4x + 3,$　　　　$g(x) = x - 2$

(2)　$f(x) = x^3 - 4x^2 + 7x - 2,$　　　　$g(x) = x + 5$

(3)　$f(x) = x^3 + 7x^2 - 3,$　　　　　　$g(x) = x + 1$

(4)　$f(x) = x^3 + 2x^2 + 5x + 1,$　　　　$g(x) = x - 1$

(5)　$f(x) = x^4 + 2x^3 - 3x^2 + 4x - 1,$　$g(x) = x - 3$

問題 2−2 解答

(1) $x^3 + 3x^2 - 4x + 3 = (x - 2)(x^2 + 5x + 6) + 15$

(2) $x^3 - 4x^2 + 7x - 2 = (x + 5)(x^2 - 9x + 52) - 262$

(3) $x^3 + 7x^2 - 3 = (x + 1)(x^2 + 6x - 6) + 3$

(4) $x^3 + 2x^2 + 5x + 1 = (x - 1)(x^2 + 3x + 8) + 9$

(5) $x^4 + 2x^3 - 3x^2 + 4x - 1 = (x - 3)(x^3 + 5x^2 + 12x + 40) + 119$

制限時間 A： **5** 分	実施日　　月　　日	得点　　／5
制限時間 B： **8** 分	実施日　　月　　日	得点　　／5

次の $f(x), g(x)$ に対し $f(x)$ を $g(x)Q(x)+r(x)$ の形で表せ。ただし $Q(x), r(x)$ は多項式で $r(x)$ の次数は $g(x)$ の次数より小さいものとする。

(1)　$f(x) = x^3 + 4x^2 - 6x + 9,$　　　$g(x) = x + 3$

(2)　$f(x) = 2x^3 + 7x^2 + x - 1,$　　　$g(x) = x + 2$

(3)　$f(x) = 3x^3 - 8x + 1,$　　　$g(x) = x - 3$

(4)　$f(x) = x^4 + 3x^3 - 5x^2 + 7x + 2,$　$g(x) = x + 1$

(5)　$f(x) = x^4 + 6x^3 - 5x^2 + 4,$　　　$g(x) = x + 2$

問題 2−3 解答

(1) $x^3 + 4x^2 - 6x + 9 = (x + 3)(x^2 + x - 9) + 36$

(2) $2x^3 + 7x^2 + x - 1 = (x + 2)(2x^2 + 3x - 5) + 9$

(3) $3x^3 - 8x + 1 = (x - 3)(3x^2 + 9x + 19) + 58$

(4) $x^4 + 3x^3 - 5x^2 + 7x + 2 = (x + 1)(x^3 + 2x^2 - 7x + 14) - 12$

(5) $x^4 + 6x^3 - 5x^2 + 4 = (x + 2)(x^3 + 4x^2 - 13x + 26) - 48$

　次の $f(x), g(x)$ に対し $f(x)$ を $g(x)Q(x)+r(x)$ の形で表せ。ただし $Q(x), r(x)$ は多項式で $r(x)$ の次数は $g(x)$ の次数より小さいものとする。

(1)　$f(x) = 2x^3 - 5x^2 - 6x - 4,$　　　$g(x) = x - 2$

(2)　$f(x) = x^4 + 7x^2 + 3,$　　　　　$g(x) = x + 1$

(3)　$f(x) = x^4 + 3x^3 - x^2 + 5x + 1,$　　$g(x) = x + 2$

(4)　$f(x) = 3x^4 + 5x^3 - 6x^2 + x + 3,$　$g(x) = x + 3$

(5)　$f(x) = 2x^4 - 7x^2 + 8x + 5,$　　　$g(x) = x + 1$

問題 2−4 解答

(1) $2x^3 - 5x^2 - 6x - 4 = (x - 2)(2x^2 - x - 8) - 20$

(2) $x^4 + 7x^2 + 3 = (x + 1)(x^3 - x^2 + 8x - 8) + 11$

(3) $x^4 + 3x^3 - x^2 + 5x + 1 = (x + 2)(x^3 + x^2 - 3x + 11) - 21$

(4) $3x^4 + 5x^3 - 6x^2 + x + 3 = (x + 3)(3x^3 - 4x^2 + 6x - 17) + 54$

(5) $2x^4 - 7x^2 + 8x + 5 = (x + 1)(2x^3 - 2x^2 - 5x + 13) - 8$

次の $f(x), g(x)$ に対し $f(x)$ を $g(x)Q(x)+r(x)$ の形で表せ。ただし $Q(x), r(x)$ は多項式で $r(x)$ の次数は $g(x)$ の次数より小さいものとする。

(1) $f(x) = x^4 + 3x^3 + 9x^2 - 7x + 2, \quad g(x) = x + 3$

(2) $f(x) = x^4 + 2x^3 - 5x^2 + 3x + 1, \quad g(x) = x - 1$

(3) $f(x) = 3x^4 + 5x^3 - 2x^2 + x + 4, \quad g(x) = x + 2$

(4) $f(x) = x^3 + 2x^2 - x + 5, \qquad g(x) = x^2 - x + 3$

(5) $f(x) = x^3 - 4x^2 + 5x + 2, \qquad g(x) = x^2 + 2x - 1$

問題 2−5 解答

(1) $x^4 + 3x^3 + 9x^2 - 7x + 2 = (x+3)(x^3 + 9x - 34) + 104$

(2) $x^4 + 2x^3 - 5x^2 + 3x + 1 = (x-1)(x^3 + 3x^2 - 2x + 1) + 2$

(3) $3x^4 + 5x^3 - 2x^2 + x + 4 = (x+2)(3x^3 - x^2 + 1) + 2$

(4) $x^3 + 2x^2 - x + 5 = (x^2 - x + 3)(x+3) - x - 4$

(5) $x^3 - 4x^2 + 5x + 2 = (x^2 + 2x - 1)(x-6) + 18x - 4$

次の $f(x)$, $g(x)$ に対し $f(x)$ を $g(x)Q(x)+r(x)$ の形で表せ。ただし $Q(x)$, $r(x)$ は多項式で $r(x)$ の次数は $g(x)$ の次数より小さいものとする。

(1) $f(x) = 2x^4 - 5x^3 + 6x^2 - 8x + 3$, $g(x) = x + 3$

(2) $f(x) = x^3 + x^2 - 4x + 3$, $g(x) = x^2 - x + 2$

(3) $f(x) = 2x^3 - x^2 + 3x - 1$, $g(x) = x^2 - 3x + 1$

(4) $f(x) = x^4 - x^3 + 2x^2 + 3x - 2$, $g(x) = x^2 + x + 2$

(5) $f(x) = x^4 + 3x^3 - 5x^2 + 6x + 2$, $g(x) = x^2 - x + 3$

問題 2−6 解答

(1) $2x^4 - 5x^3 + 6x^2 - 8x + 3$

$= (x + 3)(2x^3 - 11x^2 + 39x - 125) + 378$

(2) $x^3 + x^2 - 4x + 3 = (x^2 - x + 2)(x + 2) - 4x - 1$

(3) $2x^3 - x^2 + 3x - 1 = (x^2 - 3x + 1)(2x + 5) + 16x - 6$

(4) $x^4 - x^3 + 2x^2 + 3x - 2 = (x^2 + x + 2)(x^2 - 2x + 2) + 5x - 6$

(5) $x^4 + 3x^3 - 5x^2 + 6x + 2 = (x^2 - x + 3)(x^2 + 4x - 4) - 10x + 14$

問題	今週のテーマ	多項式の割り算（中級編）						
2－7		1	2	3	4	5	6	**7**

制限時間 A：**5** 分	実施日	月 日	得点	／5
制限時間 B：**8** 分	実施日	月 日	得点	／5

次の $f(x), g(x)$ に対し $f(x)$ を $g(x)Q(x) + r(x)$ の形で表せ。ただし $Q(x), r(x)$ は多項式で $r(x)$ の次数は $g(x)$ の次数より小さいものとする。

(1) $f(x) = 3x^3 + 4x^2 - x + 2,$ $\qquad$ $g(x) = x^2 + 2x - 3$

(2) $f(x) = x^4 + x^3 - 5x^2 - 3x + 2,$ $\qquad$ $g(x) = x^2 - 3x - 2$

(3) $f(x) = x^4 - 2x^3 + 4x^2 - 5x + 6,$ $\qquad$ $g(x) = x^2 + x - 4$

(4) $f(x) = x^5 - x^4 + 2x^3 - 6x^2 + 3x + 2,$ $\quad$ $g(x) = x^2 - 2x - 1$

(5) $f(x) = x^5 + 2x^4 - 3x^3 + 7x^2 - x + 3,$ $\quad$ $g(x) = x^2 + 2x - 4$

問題 2−7 解答

(1) $3x^3 + 4x^2 - x + 2 = (x^2 + 2x - 3)(3x - 2) + 12x - 4$

(2) $x^4 + x^3 - 5x^2 - 3x + 2 = (x^2 - 3x - 2)(x^2 + 4x + 9) + 32x + 20$

(3) $x^4 - 2x^3 + 4x^2 - 5x + 6 = (x^2 + x - 4)(x^2 - 3x + 11) - 28x + 50$

(4) $x^5 - x^4 + 2x^3 - 6x^2 + 3x + 2$

$= (x^2 - 2x - 1)(x^3 + x^2 + 5x + 5) + 18x + 7$

(5) $x^5 + 2x^4 - 3x^3 + 7x^2 - x + 3$

$= (x^2 + 2x - 4)(x^3 + x + 5) - 7x + 23$

目標 3 次以上の代数方程式 (n 次方程式) および分母を払うと 2 次方程式あるいは 3 次方程式になる方程式を短時間で解けるようになる。

■ 革命計算法
Revolutionary Technique

例えば 3 次方程式 $x^3 - 6x + 5 = 0$ を

$$(x-1)(x^2+x-5) = 0 \qquad (\bigstar)$$

$$\therefore \quad x = 1, \frac{-1 \pm \sqrt{21}}{2} \qquad (\bigstar)$$

のように因数定理を用いて素早く解けるようになることを目指す。原則として問題文以外の式を ($\bigstar$) の 2 行を書くだけで終えるようにしたい。

◎因数定理を用いる際に役に立つ重要な定理

3 次方程式あるいはそれ以上の次数の代数方程式を因数定理を用いて解くときには，解の一つを見つけなければならない。その場合，次の定理が有効である。

> 整数係数の n 次方程式
>
> $$a_n x^n + a_{n-1}x^{n-1} + a_{n-2}x^{n-2} + \cdots\cdots + a_1 x + a_0 = 0$$
>
> （ただし $a_n \neq 0, a_0 \neq 0$）
>
> が有理数の解 $\dfrac{k}{l}$ (k と l は互いに素) をもつとき，
>
> - k は a_0 の約数
>
> - l は a_n の約数
>
> である。

これを用いると，例えば整数係数の 3 次方程式 $7x^3 + ax^2 + bx + 3 = 0$ が有理数の解をもつとすれば，分母が 7 の約数 1, 7, 分子は 3 の約数 1, 3 の分数である

$$\pm 1, \ \pm 3, \ \pm\frac{1}{7}, \ \pm\frac{3}{7}$$

に限ることがわかる。

例1

3 次方程式 $x^3 - 4x^2 + 2x + 4 = 0$ が有理数の解をもつとすれば, それは

$$\pm1, \quad \pm2, \quad \pm4 \qquad\qquad (\leftarrow \text{分母が 1 の約数, 分子が 4 の約数の分数})$$

のいずれかである。さらに, x に奇数を代入すると $x^3 - 4x^2 + 2x + 4$ は奇数であるので (係数の偶奇に着目せよ), $x = \pm1$ は候補から外れる。残った候補である $\pm2, \pm4$ を順に代入していくと $x = 2$ がこの方程式の解の一つであることがわかる。したがって, 方程式の左辺は因数定理より $(x - 2)$ で割り切れるので, 方程式は,

$$(x - 2)(x^2 - 2x - 2) = 0$$

と変形できる。あとは $x = 2$ の他に 2 次方程式の解 $x = 1 \pm \sqrt{3}$ もあわせて, この 3 次方程式の解は,

$$x = 2, \, 1 \pm \sqrt{3}$$

である。

例2

3 次方程式 $2x^3 + x^2 - 3x + 1 = 0$ が有理数解をもつとすれば, それは

$$\pm1, \quad \pm\frac{1}{2}$$

に限る。さらに, x に奇数を代入すると, $2x^3 + x^2 - 3x + 1$ は奇数であるから 0 にはならない。残った候補の $\pm\frac{1}{2}$ から順に代入していくと $x = \frac{1}{2}$ がこの方程式の解の一つであることがわかる。したがって, 方程式は,

$$(2x - 1)(x^2 + x - 1) = 0$$

となるから, 3 次方程式の解は,

$$x = \frac{1}{2}, \, \frac{-1 \pm \sqrt{5}}{2}$$

である。

例3

3 次方程式 $2x^3 + 3x^2 - 5x - 3 = 0$ が有理数解をもつとすれば, それは

$$\pm 1, \ \pm 3, \ \pm\frac{1}{2}, \ \pm\frac{3}{2}$$

に限る。さらに, x が奇数のときは, $2x^3 + 3x^2 - 5x - 3$ は奇数になるから 0 にはならない。したがって, $x = \pm 1, \ \pm 3$ は代入の候補から外れる。このようにして代入すべき候補を減らした後で, 残った候補の $\pm\frac{1}{2}, \ \pm\frac{3}{2}$ を順に代入して, $x = -\frac{1}{2}$ がこの方程式の解の一つであることがわかる。

よって, この方程式は,

$$(2x + 1)(x^2 + x - 3) = 0$$

となるから, 3 次方程式の解は,

$$x = -\frac{1}{2}, \ \frac{-1 \pm \sqrt{13}}{2}$$

である。

例4

3 次方程式 $2x^3 - x^2 - 2x + 6 = 0$ が有理数解をもつとすれば, それは

$$\pm 1, \ \pm 2, \ \pm 3, \ \pm 6, \ \pm\frac{1}{2}, \ \pm\frac{3}{2}$$

に限る。これは, 代入の候補が多いのでここから代入の候補をしぼっていく。

まず, x が奇数のときは, $2x^3 - x^2 - 2x + 6$ は奇数になるから 0 にはならないので, $x = \pm 1, \ \pm 3$ は除外する。また, x が偶数のときは, $2x^3 - x^2 - 2x$ は 4 の倍数になるから,

$$2x^3 - x^2 - 2x + 6 \equiv 2 \pmod 4$$

となるので, $2x^3 - x^2 - 2x + 6 = 0$ にはならない。よって, $x = \pm 2, \ \pm 6$ も除外し, この段階で $\pm\frac{1}{2}, \ \pm\frac{3}{2}$ が候補として残る。

次に, $x = \pm\frac{1}{2}, \ \pm\frac{3}{2}$ を代入すると 1 次以下の項 $-2x + 6$ は整数になるから, $2x^3 - x^2$ が整数になる $x = \frac{1}{2}, \ -\frac{3}{2}$ を順に代入して $x = -\frac{3}{2}$ を得る。よって, 3 次方程式は,

$$(2x + 3)(x^2 - 2x + 2) = 0$$

となるから, 解は,

$$x = -\frac{3}{2}, \ 1 \pm i$$

である。

[注]

すべての場合がこの例のように x の偶奇などに着目することでうまく候補を減らせるわけではない。

例5

次のような分数式は，まず分母をはらって整理するところから始めること。

$$\frac{4x+1}{x+1} = 2x-1$$
$$4x+1 = (2x-1)(x+1)$$
$$2x^2 - 3x - 2 = 0 \qquad\qquad (\leftarrow \text{この式を直接書きたい})$$
$$(2x+1)(x-2) = 0$$
$$\therefore \quad x = -\frac{1}{2}, 2$$

制限時間 A： 3 分	実施日	月　日	得点	／5
制限時間 B： 8 分	実施日	月　日	得点	／5

次の方程式を解け。

(1)　$x^3 - 4x + 3 = 0$

(2)　$x^3 + 3x^2 - 4x - 12 = 0$

(3)　$x^3 - 3x^2 - 11x - 2 = 0$

(4)　$x^3 - 2x^2 - 2x - 3 = 0$

(5)　$x^3 + 3x^2 + 8x + 6 = 0$

問題 3−1 解答

(1) $x = 1, \ \dfrac{-1 \pm \sqrt{13}}{2}$ (2) $x = -3, \ \pm 2$

(3) $x = -2, \ \dfrac{5 \pm \sqrt{29}}{2}$ (4) $x = 3, \ \dfrac{-1 \pm \sqrt{3}i}{2}$

(5) $x = -1, \ -1 \pm \sqrt{5}i$

【参考】

(1) $(x-1)(x^2+x-3) = 0$ $\therefore$ $x = 1, \ \dfrac{-1 \pm \sqrt{13}}{2}$

(2) $(x+3)(x^2-4) = 0$

     $(x+3)(x-2)(x+2) = 0$ $\therefore$ $x = -3, \ \pm 2$

(3) $(x+2)(x^2-5x-1) = 0$ $\therefore$ $x = -2, \ \dfrac{5 \pm \sqrt{29}}{2}$

(4) $(x-3)(x^2+x+1) = 0$ $\therefore$ $x = 3, \ \dfrac{-1 \pm \sqrt{3}i}{2}$

(5) $(x+1)(x^2+2x+6) = 0$ $\therefore$ $x = -1, \ -1 \pm \sqrt{5}i$

制限時間 A：**3** 分	実施日　　　月　　　日	得点 　　　／5
制限時間 B：**8** 分	実施日　　　月　　　日	得点 　　　／5

次の方程式を解け。

(1)　$x^3 + 4x^2 - 8 = 0$

(2)　$x^3 - 7x^2 + 11x + 3 = 0$

(3)　$x^3 - x^2 - 11x - 4 = 0$

(4)　$2x^3 + 3x^2 - 1 = 0$

(5)　$3x^3 + 8x^2 + 5x + 2 = 0$

問題 3-2 解答

(1) $x = -2, \, -1 \pm \sqrt{5}$ (2) $x = 3, \, 2 \pm \sqrt{5}$

(3) $x = 4, \, \dfrac{-3 \pm \sqrt{5}}{2}$ (4) $x = -1, \, \dfrac{1}{2}$

(5) $x = -2, \, \dfrac{-1 \pm \sqrt{2}i}{3}$

【参考】

(1) $(x+2)(x^2+2x-4) = 0$ $\therefore$ $x = -2, \, -1 \pm \sqrt{5}$

(2) $(x-3)(x^2-4x-1) = 0$ $\therefore$ $x = 3, \, 2 \pm \sqrt{5}$

(3) $(x-4)(x^2+3x+1) = 0$ $\therefore$ $x = 4, \, \dfrac{-3 \pm \sqrt{5}}{2}$

(4) $(x+1)(2x^2+x-1) = 0$

     $(x+1)^2(2x-1) = 0$ $\therefore$ $x = -1, \, \dfrac{1}{2}$

(5) $(x+2)(3x^2+2x+1) = 0$ $\therefore$ $x = -2, \, \dfrac{-1 \pm \sqrt{2}i}{3}$

次の方程式を解け。

(1) $x^3 - 6x^2 + x + 20 = 0$

(2) $2x^3 + 4x^2 + x - 1 = 0$

(3) $2x^3 + x^2 - 3x + 1 = 0$

(4) $3x^3 - x^2 - 6x + 2 = 0$

(5) $2x^3 - 4x^2 - x + 2 = 0$

問題 3−3 解答

(1) $x = 5,\ \dfrac{1 \pm \sqrt{17}}{2}$ (2) $x = -1,\ \dfrac{-1 \pm \sqrt{3}}{2}$

(3) $x = \dfrac{1}{2},\ \dfrac{-1 \pm \sqrt{5}}{2}$ (4) $x = \dfrac{1}{3},\ \pm\sqrt{2}$

(5) $x = 2,\ \pm\dfrac{\sqrt{2}}{2}$

【参考】

(1) $(x - 5)(x^2 - x - 4) = 0$ $\therefore$ $x = 5,\ \dfrac{1 \pm \sqrt{17}}{2}$

(2) $(x + 1)(2x^2 + 2x - 1) = 0$ $\therefore$ $x = -1,\ \dfrac{-1 \pm \sqrt{3}}{2}$

(3) $(2x - 1)(x^2 + x - 1) = 0$ $\therefore$ $x = \dfrac{1}{2},\ \dfrac{-1 \pm \sqrt{5}}{2}$

(4) $(3x - 1)(x^2 - 2) = 0$ $\therefore$ $x = \dfrac{1}{3},\ \pm\sqrt{2}$

(5) $(x - 2)(2x^2 - 1) = 0$ $\therefore$ $x = 2,\ \pm\dfrac{\sqrt{2}}{2}$

次の方程式を解け。

(1)　$2x^3 - 10x^2 - 3x + 11 = 0$

(2)　$3x^3 - 13x^2 - 8x + 4 = 0$

(3)　$2x^3 + 5x^2 - 6x - 9 = 0$

(4)　$2x^3 + x^2 - 11x - 12 = 0$

(5)　$5x^3 + 11x^2 - 3x - 1 = 0$

問題 3−4 解答

(1) $x = 1, \dfrac{4 \pm \sqrt{38}}{2}$

(2) $x = \dfrac{1}{3}, 2 \pm 2\sqrt{2}$

(3) $x = -1, -3, \dfrac{3}{2}$

(4) $x = -\dfrac{3}{2}, \dfrac{1 \pm \sqrt{17}}{2}$

(5) $x = -\dfrac{1}{5}, -1 \pm \sqrt{2}$

【参考】

(1) $(x-1)(2x^2 - 8x - 11) = 0$ $\qquad \therefore \quad x = 1, \dfrac{4 \pm \sqrt{38}}{2}$

(2) $(3x-1)(x^2 - 4x - 4) = 0$ $\qquad \therefore \quad x = \dfrac{1}{3}, 2 \pm 2\sqrt{2}$

(3) $(x+1)(2x^2 + 3x - 9) = 0$

$\quad (x+1)(x+3)(2x-3) = 0$ $\qquad \therefore \quad x = -1, -3, \dfrac{3}{2}$

(4) $(2x+3)(x^2 - x - 4) = 0$ $\qquad \therefore \quad x = -\dfrac{3}{2}, \dfrac{1 \pm \sqrt{17}}{2}$

(5) $(5x+1)(x^2 + 2x - 1) = 0$ $\qquad \therefore \quad x = -\dfrac{1}{5}, -1 \pm \sqrt{2}$

次の方程式を解け。

(1)　$x^3 - x^2 - 23x + 15 = 0$

(2)　$4x^3 - x^2 - 3x + 2 = 0$

(3)　$2x^3 - x^2 - 12x + 5 = 0$

(4)　$\dfrac{2x+1}{x-1} = x + 2$

(5)　$\dfrac{3x+2}{2x+3} = x - 4$

問題 3−5 解答

(1) $x = 5,\ -2 \pm \sqrt{7}$ (2) $x = -1,\ \dfrac{5 \pm \sqrt{7}i}{8}$

(3) $x = \dfrac{5}{2},\ -1 \pm \sqrt{2}$ (4) $x = \dfrac{1 \pm \sqrt{13}}{2}$

(5) $x = 2 \pm \sqrt{11}$

【参考】

(1) $(x-5)(x^2 + 4x - 3) = 0$ ∴ $x = 5,\ -2 \pm \sqrt{7}$

(2) $(x+1)(4x^2 - 5x + 2) = 0$ ∴ $x = -1,\ \dfrac{5 \pm \sqrt{7}i}{8}$

(3) $(2x-5)(x^2 + 2x - 1) = 0$ ∴ $x = \dfrac{5}{2},\ -1 \pm \sqrt{2}$

(4) $x^2 - x - 3 = 0$ ∴ $x = \dfrac{1 \pm \sqrt{13}}{2}$

(5) $2x^2 - 8x - 14 = 0$

  $x^2 - 4x - 7 = 0$ ∴ $x = 2 \pm \sqrt{11}$

次の方程式を解け。

(1) $3x^3 - 10x^2 - 14x - 4 = 0$

(2) $x^3 - 15x^2 + 54x - 40 = 0$

(3) $\dfrac{x+2}{2x+5} = 5x + 2$

(4) $\dfrac{4x+5}{x+2} = 2x^2 + 1$

(5) $\dfrac{3x+10}{x+1} = x^2 + 5x + 2$

問題 3-6 解答

(1) $x = -\dfrac{2}{3}, \ 2 \pm \sqrt{6}$ (2) $x = 1, \ 4, \ 10$

(3) $x = \dfrac{-7 \pm \sqrt{29}}{5}$ (4) $x = 1, \ \dfrac{-3 \pm \sqrt{3}}{2}$

(5) $x = -2, \ -2 \pm 2\sqrt{2}$

【参考】

(1) $(3x + 2)(x^2 - 4x - 2) = 0$ $\therefore$ $x = -\dfrac{2}{3}, \ 2 \pm \sqrt{6}$

(2) $(x - 1)(x^2 - 14x + 40) = 0$

$(x - 1)(x - 4)(x - 10) = 0$ $\therefore$ $x = 1, 4, 10$

(3) $10x^2 + 28x + 8 = 0$

$5x^2 + 14x + 4 = 0$ $\therefore$ $x = \dfrac{-7 \pm \sqrt{29}}{5}$

(4) $2x^3 + 4x^2 - 3x - 3 = 0$

$(x - 1)(2x^2 + 6x + 3) = 0$ $\therefore$ $x = 1, \ \dfrac{-3 \pm \sqrt{3}}{2}$

(5) $x^3 + 6x^2 + 4x - 8 = 0$

$(x + 2)(x^2 + 4x - 4) = 0$ $\therefore$ $x = -2, \ -2 \pm 2\sqrt{2}$

制限時間 A： **3** 分	実施日　　　月　　日	得点　　／5
制限時間 B： **8** 分	実施日　　　月　　日	得点　　／5

次の方程式を解け。

(1)　$2x^3 - 9x^2 + 6x - 1 = 0$

(2)　$6x^3 + x^2 + x + 2 = 0$

(3)　$\dfrac{2x + 4}{x - 1} = x^2 - 4x + 8$

(4)　$\dfrac{3x}{x + 2} = 4x^2 - 2$

(5)　$\dfrac{x^2 + 2x - 5}{x + 2} = x^2 - x - 4$

問題 3−7 解答

(1) $x = \dfrac{1}{2}, \; 2 \pm \sqrt{3}$ (2) $x = -\dfrac{2}{3}, \; \dfrac{1 \pm \sqrt{7}i}{4}$

(3) $x = 3, \; 1 \pm \sqrt{3}i$ (4) $x = -\dfrac{1}{2}, \; \dfrac{-3 \pm \sqrt{41}}{4}$

(5) $x = 3, \; \dfrac{-3 \pm \sqrt{5}}{2}$

【参考】

(1) $(2x-1)(x^2 - 4x + 1) = 0$ $\therefore$ $x = \dfrac{1}{2}, \; 2 \pm \sqrt{3}$

(2) $(3x+2)(2x^2 - x + 1) = 0$ $\therefore$ $x = -\dfrac{2}{3}, \; \dfrac{1 \pm \sqrt{7}i}{4}$

(3) $x^3 - 5x^2 + 10x - 12 = 0$

$(x-3)(x^2 - 2x + 4) = 0$ $\therefore$ $x = 3, \; 1 \pm \sqrt{3}i$

(4) $4x^3 + 8x^2 - 5x - 4 = 0$

$(2x+1)(2x^2 + 3x - 4) = 0$ $\therefore$ $x = -\dfrac{1}{2}, \; \dfrac{-3 \pm \sqrt{41}}{4}$

(5) $x^3 - 8x - 3 = 0$

$(x-3)(x^2 + 3x + 1) = 0$ $x = 3, \; \dfrac{-3 \pm \sqrt{5}}{2}$

平方完成と最大値・最小値 (中級編)

目標 2次式を速く正確に平方完成できるようになり, それをすばやく関数の最大・最小問題に活かすことができるようになる。

革命計算法
Revolutionary Technique

問題 4−1 から問題 4−7 で扱う関数はすべて $f(x) = ax^2 + bx + c$ の形で表される 2 次関数である。

問題 4−1 から問題 4−5 まではすべて平方完成をして関数の最小値, あるいは最大値を求める問題である。

例1

関数 $f(x) = x^2 - 2x - 2$ は

$$f(x) = (x-1)^2 - 3$$

となるから, 最小値は -3 である。

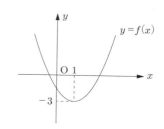

例2

関数 $f(x) = -2x^2 - 4x + 1$ は

$$f(x) = -2(x+1)^2 + 3$$

となるから, 最大値は 3 である。

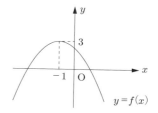

問題 4−6, 問題 4−7 については平方完成したあとで関数の定義域も考え, その最小値, あるいは値域を求める問題である。

例3

関数 $f(x) = x^2 - 4x + 3 \ (0 \leqq x \leqq 3)$ は

$$f(x) = (x - 2)^2 - 1$$

となるから, $y = f(x)$ のグラフは右の通り。

よって, $f(x)$ の値域は

$$f(2) \leqq f(x) \leqq f(0)$$

$$\therefore \quad -1 \leqq f(x) \leqq 3$$

である。

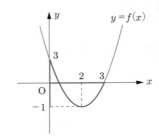

例4

関数 $f(x) = x^2 + 4x + 1 \ (1 \leqq x \leqq 3)$ は

$$f(x) = (x + 2)^2 - 3$$

となるから, $y = f(x)$ のグラフは右の通り。

よって, $f(x)$ の値域は

$$f(1) \leqq f(x) \leqq f(3)$$

$$\therefore \quad 6 \leqq f(x) \leqq 22$$

である。

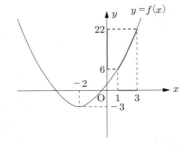

[注]

ここでは, 極力, 平方完成を一気に行うようにすること。例えば $f(x) = 2x^2 + 5x + 2$ 程度なら, 一気に

$$f(x) = 2\left(x + \frac{5}{4}\right)^2 - \frac{9}{8}$$

を書き, 最小値を $-\dfrac{9}{8}$ と答えてほしい。

また, 問題 $4-6$, $4-7$ については平方完成を一気にした後で答のみを書けば (ここでは) よいことにする (試験の答案としては別である)。

次の関数の最小値を求めよ。

(1) $f(x) = x^2 - 6x + 1$

(2) $f(x) = x^2 + 5x + 3$

(3) $f(x) = 2x^2 + 4x + 1$

(4) $f(x) = 3x^2 + x + 2$

(5) $f(x) = 2x^2 + 5x + 1$

問題 4−1 解答

(1) -8 (2) $-\dfrac{13}{4}$ (3) -1 (4) $\dfrac{23}{12}$ (5) $-\dfrac{17}{8}$

【参考】

(1) $f(x) = (x-3)^2 - 8$

(2) $f(x) = \left(x + \dfrac{5}{2}\right)^2 - \dfrac{13}{4}$

(3) $f(x) = 2(x+1)^2 - 1$

(4) $f(x) = 3\left(x + \dfrac{1}{6}\right)^2 + \dfrac{23}{12}$

(5) $f(x) = 2\left(x + \dfrac{5}{4}\right)^2 - \dfrac{17}{8}$

次の関数の最小値を求めよ。

(1)　$f(x) = 2x^2 - 4x + 1$

(2)　$f(x) = 5x^2 - 2x + 2$

(3)　$f(x) = 3x^2 - 4x - 3$

(4)　$f(x) = 4x^2 + x - 2$

(5)　$f(x) = 5x^2 + 3x + 4$

問題 4−2 解答

(1) -1 (2) $\dfrac{9}{5}$ (3) $-\dfrac{13}{3}$ (4) $-\dfrac{33}{16}$ (5) $\dfrac{71}{20}$

【参考】

(1) $f(x) = 2(x-1)^2 - 1$

(2) $f(x) = 5\left(x - \dfrac{1}{5}\right)^2 + \dfrac{9}{5}$

(3) $f(x) = 3\left(x - \dfrac{2}{3}\right)^2 - \dfrac{13}{3}$

(4) $f(x) = 4\left(x + \dfrac{1}{8}\right)^2 - \dfrac{33}{16}$

(5) $f(x) = 5\left(x + \dfrac{3}{10}\right)^2 + \dfrac{71}{20}$

制限時間 A：**3** 分	実施日	月 日	得点	／5
制限時間 B：**5** 分	実施日	月 日	得点	／5

次の関数の最大値を求めよ。

(1) $f(x) = -x^2 + 6x + 2$

(2) $f(x) = -2x^2 - 8x + 5$

(3) $f(x) = -x^2 + 3x + 1$

(4) $f(x) = -2x^2 + x + 2$

(5) $f(x) = -3x^2 + 5x - 4$

問題 4−3 解答

(1) **11** (2) **13** (3) $\dfrac{13}{4}$ (4) $\dfrac{17}{8}$ (5) $-\dfrac{23}{12}$

【参考】

(1) $f(x) = -(x-3)^2 + 11$

(2) $f(x) = -2(x+2)^2 + 13$

(3) $f(x) = -\left(x - \dfrac{3}{2}\right)^2 + \dfrac{13}{4}$

(4) $f(x) = -2\left(x - \dfrac{1}{4}\right)^2 + \dfrac{17}{8}$

(5) $f(x) = -3\left(x - \dfrac{5}{6}\right)^2 - \dfrac{23}{12}$

制限時間 A： **3** 分	実施日	月　　日	得点	／5
制限時間 B： **5** 分	実施日	月　　日	得点	／5

次の関数の最大値を求めよ。

(1)　$f(x) = -2x^2 + 10x + 3$

(2)　$f(x) = -\dfrac{1}{2}x^2 + 2x - 4$

(3)　$f(x) = -3x^2 + 7x - 1$

(4)　$f(x) = -\dfrac{1}{3}x^2 + 3x + 2$

(5)　$f(x) = -\dfrac{2}{3}x^2 + 4x + 3$

問題 4−4 解答

(1) $\dfrac{31}{2}$ (2) -2 (3) $\dfrac{37}{12}$ (4) $\dfrac{35}{4}$ (5) 9

【参考】

(1) $f(x) = -2\left(x - \dfrac{5}{2}\right)^2 + \dfrac{31}{2}$

(2) $f(x) = -\dfrac{1}{2}(x - 2)^2 - 2$

(3) $f(x) = -3\left(x - \dfrac{7}{6}\right)^2 + \dfrac{37}{12}$

(4) $f(x) = -\dfrac{1}{3}\left(x - \dfrac{9}{2}\right)^2 + \dfrac{35}{4}$

(5) $f(x) = -\dfrac{2}{3}(x - 3)^2 + 9$

次の関数の最小値を求めよ。

(1) $f(x) = x^2 + 2ax + 3$

(2) $f(x) = 2x^2 + ax + 1$

(3) $f(x) = 3x^2 - ax + a^2$

(4) $f(x) = x^2 - (a+2)x + a$

(5) $f(x) = 2x^2 - 6(a-1)x + a^2 - a$

問題 4−5 解答

(1) $-a^2 + 3$ (2) $-\dfrac{a^2}{8} + 1$ (3) $\dfrac{11}{12}a^2$ (4) $-\dfrac{1}{4}a^2 - 1$

(5) $-\dfrac{7}{2}a^2 + 8a - \dfrac{9}{2}$

【参考】

(1) $f(x) = (x + a)^2 - a^2 + 3$

(2) $f(x) = 2\left(x + \dfrac{a}{4}\right)^2 - \dfrac{a^2}{8} + 1$

(3) $f(x) = 3\left(x - \dfrac{a}{6}\right)^2 + \dfrac{11}{12}a^2$

(4) $f(x) = \left(x - \dfrac{a + 2}{2}\right)^2 - \dfrac{1}{4}a^2 - 1$

(5) $f(x) = 2\left\{x - \dfrac{3(a - 1)}{2}\right\}^2 - \dfrac{7}{2}a^2 + 8a - \dfrac{9}{2}$

問題 4－6	今週のテーマ	平方完成と最大値・最小値（中級編）						
		1	2	3	4	5	6	7

制限時間 A： 3 分	実施日	月 日	得点	／5
制限時間 B： 5 分	実施日	月 日	得点	／5

次の関数の最小値を求めよ。

(1)　$f(x) = x^2 - 4x + 2$　$(1 \leqq x \leqq 4)$

(2)　$f(x) = 3x^2 - 5x + 1$　$(-1 \leqq x \leqq 1)$

(3)　$f(x) = 2x^2 + 3x - 1$　$\left(-3 \leqq x \leqq -\dfrac{3}{5} \right)$

(4)　$f(x) = 4x^2 + 7x - 3$　$(1 \leqq x \leqq 3)$

(5)　$f(x) = 2x^2 - 5x + 2$　$\left(\dfrac{3}{2} \leqq x \leqq 4 \right)$

問題 4−6 解答

(1) -2 (2) $-\dfrac{13}{12}$ (3) $-\dfrac{17}{8}$ (4) 8 (5) -1

【参考】

(1) $f(x) = (x-2)^2 - 2, \quad 1 \leqq x \leqq 4$

より $x = 2$ のとき最小値 -2 をとる。

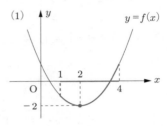

(2) $f(x) = 3\left(x - \dfrac{5}{6}\right)^2 - \dfrac{13}{12}, \quad -1 \leqq x \leqq 1$

より $x = \dfrac{5}{6}$ のとき最小値 $-\dfrac{13}{12}$ をとる。

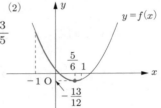

(3) $f(x) = 2\left(x + \dfrac{3}{4}\right)^2 - \dfrac{17}{8}, \quad -3 \leqq x \leqq -\dfrac{3}{5}$

より $x = -\dfrac{3}{4}$ のとき最小値 $-\dfrac{17}{8}$ をとる。

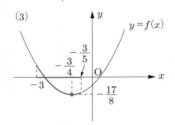

(4) $f(x) = 4\left(x + \dfrac{7}{8}\right)^2 - \dfrac{97}{16}, \quad 1 \leqq x \leqq 3$

より $x = 1$ のとき最小値 8 をとる。

(5) $f(x) = 2\left(x - \dfrac{5}{4}\right)^2 - \dfrac{9}{8}, \quad \dfrac{3}{2} \leqq x \leqq 4$

より $x = \dfrac{3}{2}$ のとき最小値 -1 をとる。

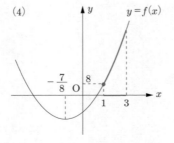

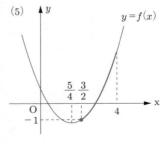

4－7

制限時間Ａ： 3 分	実施日	月 日	得点	／5
制限時間Ｂ： 5 分	実施日	月 日	得点	／5

次の関数の値域を求めよ。

(1) $f(x) = x^2 - 3x + 3 \quad (0 \leqq x \leqq 4)$

(2) $f(x) = -x^2 + 5x - 3 \quad (1 \leqq x \leqq 3)$

(3) $f(x) = 2x^2 - 3x - 2 \quad (-1 \leqq x \leqq 2)$

(4) $f(x) = -3x^2 + x + 2 \quad (1 \leqq x \leqq 3)$

(5) $f(x) = \dfrac{1}{2}x^2 - 5x + 2 \quad (1 \leqq x \leqq 6)$

問題 4-7 解答

(1) $\dfrac{3}{4} \leqq f(x) \leqq 7$ (2) $1 \leqq f(x) \leqq \dfrac{13}{4}$ (3) $-\dfrac{25}{8} \leqq f(x) \leqq 3$

(4) $-22 \leqq f(x) \leqq 0$ (5) $-\dfrac{21}{2} \leqq f(x) \leqq -\dfrac{5}{2}$

【参考】

(1) $f(x) = \left(x - \dfrac{3}{2}\right)^2 + \dfrac{3}{4}, \quad 0 \leqq x \leqq 4$

より, $f\left(\dfrac{3}{2}\right) \leqq f(x) \leqq f(4)$

∴ $\dfrac{3}{4} \leqq f(x) \leqq 7$

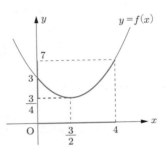

(2) $f(x) = -\left(x - \dfrac{5}{2}\right)^2 + \dfrac{13}{4}, \quad 1 \leqq x \leqq 3$

より, $f(1) \leqq f(x) \leqq f\left(\dfrac{5}{2}\right)$

∴ $1 \leqq f(x) \leqq \dfrac{13}{4}$

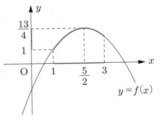

(3) $f(x) = 2\left(x - \dfrac{3}{4}\right)^2 - \dfrac{25}{8}, \quad -1 \leqq x \leqq 2$

より, $f\left(\dfrac{3}{4}\right) \leqq f(x) \leqq f(-1)$

∴ $-\dfrac{25}{8} \leqq f(x) \leqq 3$

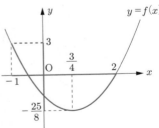

70

(4) $f(x) = -3\left(x - \dfrac{1}{6}\right)^2 + \dfrac{25}{12}, \quad 1 \leqq x \leqq 3$

　　より, $f(3) \leqq f(x) \leqq f(1)$

　　　$\therefore \quad -22 \leqq f(x) \leqq 0$

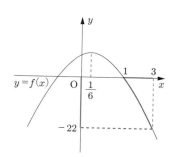

(5) $f(x) = \dfrac{1}{2}(x - 5)^2 - \dfrac{21}{2}, \quad 1 \leqq x \leqq 6$

　　より, $f(5) \leqq f(x) \leqq f(1)$

　　　$\therefore \quad -\dfrac{21}{2} \leqq f(x) \leqq -\dfrac{5}{2}$

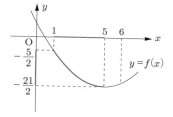

第5回 通　分
Standard Stage

目標　分母が 1 次式の分数式の和の計算程度であれば, 一気に計算ができるようになる。

革命計算法
Revolutionary Technique

分数式の和 $\dfrac{2}{3x-2} + \dfrac{5}{x+1}$ の計算は「丁寧に」計算すれば次のようになる。

$$\frac{2}{3x-2} + \frac{5}{x+1} = \frac{2(x+1) + 5(3x-2)}{(3x-2)(x+1)} \qquad \cdots\cdots \text{①}$$

$$= \frac{17x-8}{(3x-2)(x+1)} \qquad \cdots\cdots \text{②}$$

これを ① の右辺を書かずに, 一気に ② を正確に書く練習をすること。ただし, 後半になってどうしても難しい場合が出てきたら途中式も書いて計算してもよい。

一気に書くには次のようにするとよい。

[1]　まず, 分母はそれぞれの分母の積 $(3x-2)(x+1)$ になるとわかる。

$$\overline{(3x-2)(x+1)}$$

[2]　分子の x の 1 次の項は $\dfrac{②}{3x}\overset{⑤}{\underset{x}{\diagup}}$ に注目して

$$2x + 5 \cdot 3x = 17x$$

となる。

$$\frac{17x}{(3x-2)(x+1)}$$

[3]　分子の定数項は $\dfrac{②}{3x\boxed{-2}} + \dfrac{⑤}{x\boxed{+1}}$ に注目して

$$2 \cdot 1 + 5(-2) = -8$$

となる。

$$\frac{17x-8}{(3x-2)(x+1)}$$

第5回

73

次の分数式を通分せよ。

(1)　$\dfrac{1}{x+2} + \dfrac{2}{x+3}$

(2)　$\dfrac{3}{x-3} + \dfrac{2}{x-1}$

(3)　$\dfrac{2}{x+1} + \dfrac{1}{x+4}$

(4)　$\dfrac{3}{x+2} + \dfrac{2}{x+6}$

(5)　$\dfrac{4}{x-5} + \dfrac{3}{x+1}$

問題 5-1 解答

(1) $\dfrac{3x+7}{(x+2)(x+3)}$ (2) $\dfrac{5x-9}{(x-3)(x-1)}$ (3) $\dfrac{3x+9}{(x+1)(x+4)}$

(4) $\dfrac{5x+22}{(x+2)(x+6)}$ (5) $\dfrac{7x-11}{(x-5)(x+1)}$

次の分数式を通分せよ。

(1) $\dfrac{5}{x+3} + \dfrac{3}{x+1}$

(2) $\dfrac{3}{x+2} + \dfrac{5}{x-7}$

(3) $\dfrac{2}{2x+1} + \dfrac{3}{x+2}$

(4) $\dfrac{2}{x-1} + \dfrac{1}{2x-1}$

(5) $\dfrac{2}{3x+2} + \dfrac{3}{x+4}$

問題 5−2 解答

(1) $\dfrac{8x + 14}{(x + 3)(x + 1)}$ (2) $\dfrac{8x - 11}{(x + 2)(x - 7)}$ (3) $\dfrac{8x + 7}{(2x + 1)(x + 2)}$

(4) $\dfrac{5x - 3}{(x - 1)(2x - 1)}$ (5) $\dfrac{11x + 14}{(3x + 2)(x + 4)}$

次の分数式を通分せよ。

(1) $\dfrac{2}{4x-1}+\dfrac{3}{x+1}$

(2) $\dfrac{4}{x+2}+\dfrac{1}{3x+2}$

(3) $\dfrac{2}{x+3}-\dfrac{1}{x+1}$

(4) $\dfrac{3}{x-2}-\dfrac{2}{x+1}$

(5) $\dfrac{3}{2x+1}+\dfrac{2}{3x-5}$

問題 5-3 解答

(1) $\dfrac{14x - 1}{(4x - 1)(x + 1)}$
  (2) $\dfrac{13x + 10}{(x + 2)(3x + 2)}$
  (3) $\dfrac{x - 1}{(x + 3)(x + 1)}$

(4) $\dfrac{x + 7}{(x - 2)(x + 1)}$
  (5) $\dfrac{13x - 13}{(2x + 1)(3x - 5)}$

次の分数式を通分せよ。

(1) $\dfrac{5}{x-1} - \dfrac{2}{x+2}$

(2) $\dfrac{4}{3x-5} - \dfrac{2}{2x-1}$

(3) $\dfrac{6}{5x+3} - \dfrac{2}{3x-1}$

(4) $\dfrac{x}{x+2} + \dfrac{2}{x+1}$

(5) $\dfrac{x-1}{x+1} + \dfrac{1}{x+3}$

問題 5−4 解答

(1) $\dfrac{3x + 12}{(x - 1)(x + 2)}$

(2) $\dfrac{2x + 6}{(3x - 5)(2x - 1)}$

(3) $\dfrac{8x - 12}{(5x + 3)(3x - 1)}$

(4) $\dfrac{x^2 + 3x + 4}{(x + 2)(x + 1)}$

(5) $\dfrac{x^2 + 3x - 2}{(x + 1)(x + 3)}$

次の分数式を通分せよ。

(1) $\dfrac{3}{x-2} - \dfrac{1}{x+2}$

(2) $\dfrac{4}{x+3} - \dfrac{3}{2x-1}$

(3) $\dfrac{2}{3x-2} + \dfrac{3}{5x+1}$

(4) $\dfrac{x+5}{x-3} + \dfrac{3}{x+4}$

(5) $\dfrac{x-3}{x+2} + \dfrac{x+1}{x+3}$

問題 5−5 解答

(1) $\dfrac{2x + 8}{(x - 2)(x + 2)}$

(2) $\dfrac{5x - 13}{(x + 3)(2x - 1)}$

(3) $\dfrac{19x - 4}{(3x - 2)(5x + 1)}$

(4) $\dfrac{x^2 + 12x + 11}{(x - 3)(x + 4)}$

(5) $\dfrac{2x^2 + 3x - 7}{(x + 2)(x + 3)}$

次の分数式を通分せよ。

(1) $\dfrac{x-2}{x+6} + \dfrac{x+1}{x+3}$

(2) $\dfrac{x+1}{x-2} - \dfrac{3}{x+4}$

(3) $\dfrac{x}{2x+1} + \dfrac{x+1}{3x-4}$

(4) $\dfrac{x+1}{2x-5} + \dfrac{2x+1}{x-2}$

(5) $\dfrac{2x-1}{3x+2} + \dfrac{3x-1}{4x+5}$

問題 5−6 解答

(1) $\dfrac{2x^2 + 8x}{(x+6)(x+3)}$

(2) $\dfrac{x^2 + 2x + 10}{(x-2)(x+4)}$

(3) $\dfrac{5x^2 - x + 1}{(2x+1)(3x-4)}$

(4) $\dfrac{5x^2 - 9x - 7}{(2x-5)(x-2)}$

(5) $\dfrac{17x^2 + 9x - 7}{(3x+2)(4x+5)}$

次の分数式を通分せよ。

(1) $\dfrac{x-2}{2x-3} + \dfrac{3x+4}{4x-2}$

(2) $\dfrac{2x-1}{3x+2} + \dfrac{2x+5}{5x-1}$

(3) $\dfrac{7x+2}{2x-1} - \dfrac{2x+6}{3x+1}$

(4) $\dfrac{2x+1}{4x-3} - \dfrac{x+2}{6x+3}$

(5) $\dfrac{3x+1}{5x+3} + \dfrac{3x+4}{2x+5}$

問題 5−7 解答

(1) $\dfrac{10x^2 - 11x - 8}{(2x - 3)(4x - 2)}$

(2) $\dfrac{16x^2 + 12x + 11}{(3x + 2)(5x - 1)}$

(3) $\dfrac{17x^2 + 3x + 8}{(2x - 1)(3x + 1)}$

(4) $\dfrac{8x^2 + 7x + 9}{(4x - 3)(6x + 3)}$

(5) $\dfrac{21x^2 + 46x + 17}{(5x + 3)(2x + 5)}$

連立方程式

 目標 　2 元連立 1 次方程式を暗算で解けるようになる。

革命計算法
Revolutionary Technique

連立方程式の基本操作は文字を 1 つずつ消去することである。

例1

次の連立方程式を解け。

$$\begin{cases} x + 4y = 14 & \cdots\cdots① \\ 3x - 5y = -9 & \cdots\cdots② \end{cases}$$

解説

x を求めるためには y を消去する。y を消去するためには ①, ② の y の係数が 4, -5 であるから ① を 5 倍しそれに ② の 4 倍をたせばよい。すなわち, ①$\times 5 +$②$\times 4$ を計算することで y が消える。このとき, x の係数は,

$$1 \times 5 + 3 \times 4 = 17$$

右辺は,

$$14 \times 5 + (-9) \times 4 = 34$$

であるから,

$$①\times 5 + ②\times 4: \quad 17x = 34 \qquad\qquad \cdots\cdots③$$
$$\therefore \quad x = 2$$

のように x を得る。ここで ③ を暗算で出せるようになりたい。

同じように y については, x を消去するために,

$$①\times 3 - ②: \quad 17y = 51 \qquad \therefore \quad y = 3$$

以上より,

$$x = 2, \quad y = 3$$

を得る。

[注]
　もちろん, 先に得られた $x = 2$ を ① あるいは ② に代入して y を求めてもよい。

例2

　次の連立方程式を解け。

$$\begin{cases} ax + 3y = 1 & \cdots\cdots ① \\ (a-2)x + 5y = 2 & \cdots\cdots ② \end{cases} \quad (ただし, a \neq -3)$$

解説

　まず, x を求めるために y を消去する。y を消去するためには ① を 5 倍し, そこから ② の 3 倍を引けばよい。すなわち,

$$① \times 5 - ② \times 3: \quad \{5a - 3(a-2)\}x = 5 - 6$$
$$(2a + 6)x = -1$$
$$\therefore \quad x = \frac{-1}{2a + 6}$$

　次に y を求めるために x を消去する。x を消去するためには ② を a 倍した式から ① を $(a-2)$ 倍した式を引く。これは次のようになる。

$$② \times a - ① \times (a-2): \quad \{5a - 3(a-2)\}y = 2a - (a-2)$$
$$(2a + 6)y = a + 2$$
$$\therefore \quad y = \frac{a + 2}{2a + 6}$$

以上より,

$$x = \frac{-1}{2a + 6}, \quad y = \frac{a + 2}{2a + 6}$$

　ここまでの過程を一気にできるように練習してもらいたい。なお, この章では, 文字式で割るときに分母が 0 になるような a の値は除いて考えることとする。

	1	2	3	4	5	6	7

制限時間 A： 5 分	実施日	月 日	得点	／5
制限時間 B： 8 分	実施日	月 日	得点	／5

次の連立方程式を解け。

(1) $\begin{cases} 2x + 5y = 9 \\ x + 3y = 5 \end{cases}$

(2) $\begin{cases} 7x + 4y = 19 \\ 2x - 3y = -7 \end{cases}$

(3) $\begin{cases} 3x + 4y = 2 \\ 5x - 6y = 16 \end{cases}$

(4) $\begin{cases} 4x - y = -11 \\ 2x + 3y = 5 \end{cases}$

(5) $\begin{cases} -2x + 3y = -4 \\ 5x - 7y = 9 \end{cases}$

問題 6−1 解答

(1) $x = 2$, $y = 1$　(2) $x = 1$, $y = 3$　(3) $x = 2$, $y = -1$

(4) $x = -2$, $y = 3$　(5) $x = -1$, $y = -2$

次の連立方程式を解け。

(1)
$$\begin{cases} 3x + 2y = 1 \\ x + 3y = 2 \end{cases}$$

(2)
$$\begin{cases} 2x - 5y = 3 \\ 3x + 2y = -1 \end{cases}$$

(3)
$$\begin{cases} 3x + 7y = 2 \\ 4x + 5y = -4 \end{cases}$$

(4)
$$\begin{cases} 5x + 2y = 1 \\ 3x + 7y = 4 \end{cases}$$

(5)
$$\begin{cases} -2x + 3y = 6 \\ 5x - 2y = 4 \end{cases}$$

問題 6−2 解答

(1) $x = -\dfrac{1}{7}, \quad y = \dfrac{5}{7}$ (2) $x = \dfrac{1}{19}, \quad y = -\dfrac{11}{19}$

(3) $x = -\dfrac{38}{13}, \quad y = \dfrac{20}{13}$ (4) $x = -\dfrac{1}{29}, \quad y = \dfrac{17}{29}$

(5) $x = \dfrac{24}{11}, \quad y = \dfrac{38}{11}$

制限時間 A： **5** 分	実施日	月 日	得点	／5
制限時間 B： **8** 分	実施日	月 日	得点	／5

次の連立方程式を解け。

(1) $\begin{cases} 3x + 5y = 3 \\ 7x - 2y = 1 \end{cases}$

(2) $\begin{cases} 5x + 3y = 9 \\ -2x + 3y = 2 \end{cases}$

(3) $\begin{cases} x + 5y = 2 \\ 2x + 6y = 3 \end{cases}$

(4) $\begin{cases} 3x + ay = 4 \\ 2x + (a-2)y = a \end{cases}$　　　(ただし, $a \neq 6$)

(5) $\begin{cases} (a+1)x + 3y = 5 \\ (a-1)x - 4y = 2 \end{cases}$　　　(ただし, $a \neq -\dfrac{1}{7}$)

問題 6−3 解答

(1) $x = \dfrac{11}{41}$, $y = \dfrac{18}{41}$ (2) $x = 1$, $y = \dfrac{4}{3}$

(3) $x = \dfrac{3}{4}$, $y = \dfrac{1}{4}$ (4) $x = \dfrac{-a^2 + 4a - 8}{a - 6}$, $y = \dfrac{3a - 8}{a - 6}$

(5) $x = \dfrac{26}{7a + 1}$, $y = \dfrac{3a - 7}{7a + 1}$

制限時間 A： **5** 分	実施日　　　月　　日	得点　／5
制限時間 B： **8** 分	実施日　　　月　　日	得点　／5

次の連立方程式を解け。

(1) $\begin{cases} 9x + 7y = 6 \\ 4x + 3y = 5 \end{cases}$

(2) $\begin{cases} 12x + 27y = 5 \\ 3x + 7y = 2 \end{cases}$

(3) $\begin{cases} \dfrac{1}{3}x + y = 4 \\ \dfrac{1}{2}x + 2y = 5 \end{cases}$

(4) $\begin{cases} 2ax + 3y = 4 \\ (a-1)x - 2y = 5 \end{cases}$ （ただし, $a \neq \dfrac{3}{7}$）

(5) $\begin{cases} 3x + (2a-1)y = 6 \\ 5x + (a+2)y = 3 \end{cases}$ （ただし, $a \neq \dfrac{11}{7}$）

問題 6−4 解答

(1) $x = 17, \quad y = -21$ (2) $x = -\dfrac{19}{3}, \quad y = 3$

(3) $x = 18, \quad y = -2$ (4) $x = \dfrac{23}{7a-3}, \quad y = \dfrac{-6a-4}{7a-3}$

(5) $x = -\dfrac{15}{7a-11}, \quad y = \dfrac{21}{7a-11}$

問題	今週のテーマ							
6－5	**連立方程式**							
	1	2	3	4	**5**	6	7

制限時間 A： **5** 分	実施日	月　日	得点	╱5
制限時間 B： **8** 分	実施日	月　日	得点	╱5

次の連立方程式を解け。

(1) $\begin{cases} 7x + ay = 3 \\ ax + 2y = 4 \end{cases}$ （ただし，$a \neq \pm\sqrt{14}$）

(2) $\begin{cases} ax + 2y = 3 \\ x - (a+1)y = 5 \end{cases}$ （ただし，$a \neq \dfrac{-1 \pm \sqrt{7}i}{2}$）

(3) $\begin{cases} x + y = 7 \\ ax + (a+1)y = a \end{cases}$

(4) $\begin{cases} 2x + y = 3 \\ (a+1)x - 2y = 4a \end{cases}$ （ただし，$a \neq -5$）

(5) $\begin{cases} (a-2)x + 3y = 1 \\ x - 2y = 5a \end{cases}$ （ただし，$a \neq \dfrac{1}{2}$）

問題 6−5 解答

(1) $x = \dfrac{4a - 6}{a^2 - 14}, \quad y = \dfrac{3a - 28}{a^2 - 14}$

(2) $x = \dfrac{3a + 13}{a^2 + a + 2}, \quad y = \dfrac{-5a + 3}{a^2 + a + 2}$

(3) $x = 6a + 7, \quad y = -6a$

(4) $x = \dfrac{4a + 6}{a + 5}, \quad y = \dfrac{-5a + 3}{a + 5}$

(5) $x = \dfrac{15a + 2}{2a - 1}, \quad y = \dfrac{-5a^2 + 10a + 1}{2a - 1}$

制限時間 A： 5 分	実施日	月　日	得点	／5
制限時間 B： 8 分	実施日	月　日	得点	／5

次の連立方程式を解け。

(1) $\begin{cases} 3x - ay = 4 \\ 7x + (a+1)y = 3 \end{cases}$ （ただし, $a \neq -\dfrac{3}{10}$）

(2) $\begin{cases} (a+2)x + 2y = a \\ (a-1)x - 3y = a+1 \end{cases}$ （ただし, $a \neq -\dfrac{4}{5}$）

(3) $\begin{cases} (a+1)x + ay = 2 \\ ax + (a+1)y = 5 \end{cases}$ （ただし, $a \neq -\dfrac{1}{2}$）

(4) $\begin{cases} ax - (a-2)y = 3 \\ (a+2)x + ay = 4 \end{cases}$ （ただし, $a \neq \pm\sqrt{2}$）

(5) $\begin{cases} (a+1)x + (a-1)y = a \\ (a-1)x - (a+1)y = a+1 \end{cases}$ （ただし, $a \neq \pm i$）

問題 6-6 解答

(1) $x = \dfrac{7a + 4}{10a + 3}, \quad y = -\dfrac{19}{10a + 3}$

(2) $x = \dfrac{5a + 2}{5a + 4}, \quad y = \dfrac{-4a - 2}{5a + 4}$

(3) $x = \dfrac{-3a + 2}{2a + 1}, \quad y = \dfrac{3a + 5}{2a + 1}$

(4) $x = \dfrac{7a - 8}{2a^2 - 4}, \quad y = \dfrac{a - 6}{2a^2 - 4}$

(5) $x = \dfrac{2a^2 + a - 1}{2(a^2 + 1)}, \quad y = \dfrac{-3a - 1}{2(a^2 + 1)}$

制限時間 A：**5** 分	実施日	月	日	得点	╱5
制限時間 B：**8** 分	実施日	月	日	得点	╱5

次の連立方程式を解け。

(1)
$$\begin{cases} ax - (a+1)y = 3 \\ (a+1)x + (a+2)y = a \end{cases}$$
$\left(ただし,\ a \neq \dfrac{-2 \pm \sqrt{2}}{2}\right)$

(2)
$$\begin{cases} (a-2)x + ay = a+1 \\ ax + (a-2)y = a-1 \end{cases}$$
$(ただし,\ a \neq 1)$

(3)
$$\begin{cases} ax + (a+1)y = 2 \\ (a+2)x - (a-1)y = 5 \end{cases}$$
$\left(ただし,\ a \neq \dfrac{-1 \pm \sqrt{3}i}{2}\right)$

(4)
$$\begin{cases} \dfrac{1}{a}x - 2y = 2 \\ \dfrac{3}{a}x - 5y = 6 \end{cases}$$

(5)
$$\begin{cases} \dfrac{1}{a+1}x - \dfrac{1}{a}y = 3 \\ 3x + 2y = 5 \end{cases}$$
$\left(ただし,\ a \neq -\dfrac{3}{5}\right)$

問題 6-7 解答

(1) $x = \dfrac{a^2 + 4a + 6}{2a^2 + 4a + 1}, \quad y = \dfrac{a^2 - 3a - 3}{2a^2 + 4a + 1}$

(2) $x = \dfrac{1}{2a - 2}, \quad y = \dfrac{2a - 1}{2a - 2}$

(3) $x = \dfrac{7a + 3}{2a^2 + 2a + 2}, \quad y = \dfrac{-3a + 4}{2a^2 + 2a + 2}$

(4) $x = 2a, \quad y = 0$

(5) $x = \dfrac{6a^2 + 11a + 5}{5a + 3}, \quad y = \dfrac{-9a^2 - 4a}{5a + 3}$

目標　2 次の連立不等式の計算が素早くできるようになる。そのために, まずは 2 次不等式を素早く解けるようになり, 数値の大小の比較が確実にできるようになる。

革命計算法
Revolutionary Technique

1 次不等式および簡単な 2 次不等式は 1 回の操作で解を得るようにしたい。ただし, 難しい場合は無理に 1 回の操作で解を求めなくてもよい。

例

- $4x - 3 > 0$　$\rightarrow$　$x > \dfrac{3}{4}$

- $x^2 - 3x + 2 > 0$　$\rightarrow$　$x < 1,$　$2 < x$

- $2x^2 - 5x + 3 < 0$　$\rightarrow$　$1 < x < \dfrac{3}{2}$

連立不等式では, 2 つあるいはそれ以上の不等式の解の共通部分を求めることになるが, それぞれ解の範囲の境界部分の大小関係を正しく判定する必要がある。場合によっては次のような値が必要なこともある。

$$\sqrt{2} = 1.414\cdots, \quad \sqrt{3} = 1.732\cdots, \quad \sqrt{5} = 2.236\cdots, \quad \sqrt{6} = 2.449\cdots$$
$$\sqrt{7} = 2.645\cdots, \quad \sqrt{10} = 3.162\cdots$$

例1

次の連立不等式を解く。

$$\begin{cases} x^2 - 3 < 0 & \cdots\cdots ① \\ x^2 - 6x + 7 > 0 & \cdots\cdots ② \end{cases}$$

2 次不等式 $x^2 - 3 < 0$ を解くと　　　　　$-\sqrt{3} < x < \sqrt{3},$

2 次不等式 $x^2 - 6x + 7 > 0$ を解くと,　　$x < 3 - \sqrt{2},$　$3 + \sqrt{2} < x$

となる。2 つの解の共通部分であるが,

$$3 - \sqrt{2} < 3 - 1.4 = 1.6 < \sqrt{3} \quad \text{すなわち,} \quad 3 - \sqrt{2} < \sqrt{3}$$

であることから, 図で表すと次のようになる。

第7回

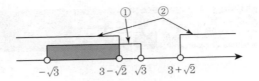

したがって，求める連立不等式の解は，

$$-\sqrt{3} < x < 3 - \sqrt{2}$$

である。

例2

次の連立不等式を解く。

$$\begin{cases} x^2 - 10x + 12 \geqq 0 & \cdots\cdots① \\ x^2 + x - 6 > 0 & \cdots\cdots② \end{cases}$$

2 次不等式 $x^2 - 10x + 12 \geqq 0$ を解くと，　$x \leqq 5 - \sqrt{13},\ \ 5 + \sqrt{13} \leqq x$

2 次不等式 $x^2 + x - 6 > 0$ を解くと，　　　$x < -3,\ \ \ 2 < x$

となる。$3 < \sqrt{13} < 4$ であるから，$-3 < 5 - \sqrt{13} < 2$ であることに注意して 2 つの不等式の解を図示すると次のようになる。

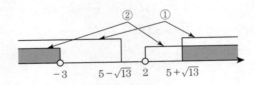

したがって，求める連立不等式の解は，

$$x < -3,\ \ \ 5 + \sqrt{13} \leqq x$$

である。

制限時間 A : **3** 分	実施日　　　　月　　日	得点　　／5
制限時間 B : **5** 分	実施日　　　　月　　日	得点　　／5

次の連立不等式を解け。

(1) $\begin{cases} x^2 - 4 < 0 \\ 3x + 2 \geqq 0 \end{cases}$

(2) $\begin{cases} 4x - 1 < 0 \\ x^2 - 3x > 0 \end{cases}$

(3) $\begin{cases} x^2 - 4x - 5 < 0 \\ 2x - 5 \leqq 0 \end{cases}$

(4) $\begin{cases} x^2 - 5x + 1 < 0 \\ 3x > 6 \end{cases}$

(5) $\begin{cases} x^2 - 3x - 1 > 0 \\ 2x - 5 < 0 \end{cases}$

問題 7−1 解答

(1) $-\dfrac{2}{3} \leqq x < 2$ (2) $x < 0$ (3) $-1 < x \leqq \dfrac{5}{2}$

(4) $2 < x < \dfrac{5 + \sqrt{21}}{2}$ (5) $x < \dfrac{3 - \sqrt{13}}{2}$

【参考】

(1) $x^2 - 4 < 0$ の解は， $-2 < x < 2$

   $3x + 2 \geqq 0$ の解は， $x \geqq -\dfrac{2}{3}$

(2) $4x - 1 < 0$ の解は， $x < \dfrac{1}{4}$

   $x^2 - 3x > 0$ の解は， $x < 0, \quad 3 < x$

(3) $x^2 - 4x - 5 < 0$ の解は， $-1 < x < 5$

   $2x - 5 \leqq 0$ の解は， $x \leqq \dfrac{5}{2}$

(4) $x^2 - 5x + 1 < 0$ の解は， $\dfrac{5 - \sqrt{21}}{2} < x < \dfrac{5 + \sqrt{21}}{2}$

   $3x > 6$ の解は， $x > 2$

(5) $x^2 - 3x - 1 > 0$ の解は， $x < \dfrac{3 - \sqrt{13}}{2}, \quad \dfrac{3 + \sqrt{13}}{2} < x$

   $2x - 5 < 0$ の解は， $x < \dfrac{5}{2}$

次の連立不等式を解け。

(1) $\begin{cases} x^2 - 3x - 10 \leqq 0 \\ 3x < 4 \end{cases}$

(2) $\begin{cases} 2x^2 - 9x + 4 \geqq 0 \\ 4x + 1 < 0 \end{cases}$

(3) $\begin{cases} 6x^2 - 11x + 3 < 0 \\ 2x + 1 \geqq 0 \end{cases}$

(4) $\begin{cases} x^2 - 7x - 2 < 0 \\ x^2 + 4x - 5 \leqq 0 \end{cases}$

(5) $\begin{cases} x^2 + 4x + 6 > 0 \\ 5x + 3 < 0 \end{cases}$

問題 7-2 解答

(1) $-2 \leqq x < \dfrac{4}{3}$ (2) $x < -\dfrac{1}{4}$ (3) $\dfrac{1}{3} < x < \dfrac{3}{2}$

(4) $\dfrac{7 - \sqrt{57}}{2} < x \leqq 1$ (5) $x < -\dfrac{3}{5}$

【参考】

(1) $x^2 - 3x - 10 \leqq 0$ の解は，$-2 \leqq x \leqq 5$

   $3x < 4$ の解は，$x < \dfrac{4}{3}$

(2) $2x^2 - 9x + 4 \geqq 0$ の解は，$x \leqq \dfrac{1}{2}$，$4 \leqq x$

   $4x + 1 < 0$ の解は，$x < -\dfrac{1}{4}$

(3) $6x^2 - 11x + 3 < 0$ の解は，$\dfrac{1}{3} < x < \dfrac{3}{2}$

   $2x + 1 \geqq 0$ の解は，$x \geqq -\dfrac{1}{2}$

(4) $x^2 - 7x - 2 < 0$ の解は，$\dfrac{7 - \sqrt{57}}{2} < x < \dfrac{7 + \sqrt{57}}{2}$

   $x^2 + 4x - 5 \leqq 0$ の解は，$-5 \leqq x \leqq 1$

(5) $x^2 + 4x + 6 > 0$ の解は，すべての実数

   $5x + 3 < 0$ の解は，$x < -\dfrac{3}{5}$

110

次の連立不等式を解け。

(1) $\begin{cases} x^2 - 6x + 5 \leqq 0 \\ x^2 > 4x \end{cases}$

(2) $\begin{cases} x^2 + x - 12 < 0 \\ x^2 - 3x - 3 > 0 \end{cases}$

(3) $\begin{cases} 2x^2 - 7x + 5 > 0 \\ x^2 + x - 6 \leqq 0 \end{cases}$

(4) $\begin{cases} 3x^2 - 10x + 3 > 0 \\ x^2 \geqq 5 \end{cases}$

(5) $\begin{cases} 5x^2 - 9x + 3 < 0 \\ 5x^2 - 4x + 3 > 0 \end{cases}$

111

問題 7-3 解答

(1) $4 < x \leqq 5$ (2) $-4 < x < \dfrac{3 - \sqrt{21}}{2}$ (3) $-3 \leqq x < 1$

(4) $x \leqq -\sqrt{5}, \quad 3 < x$ (5) $\dfrac{9 - \sqrt{21}}{10} < x < \dfrac{9 + \sqrt{21}}{10}$

【参考】

(1) $x^2 - 6x + 5 \leqq 0$ の解は, $1 \leqq x \leqq 5$

$x^2 > 4x$ の解は, $x < 0, \quad 4 < x$

(2) $x^2 + x - 12 < 0$ の解は, $-4 < x < 3$

$x^2 - 3x - 3 > 0$ の解は, $x < \dfrac{3 - \sqrt{21}}{2}, \quad \dfrac{3 + \sqrt{21}}{2} < x$

(3) $2x^2 - 7x + 5 > 0$ の解は, $x < 1, \quad \dfrac{5}{2} < x$

$x^2 + x - 6 \leqq 0$ の解は, $-3 \leqq x \leqq 2$

(4) $3x^2 - 10x + 3 > 0$ の解は, $x < \dfrac{1}{3}, \quad 3 < x$

$x^2 \geqq 5$ の解は, $x \leqq -\sqrt{5}, \quad \sqrt{5} \leqq x$

(5) $5x^2 - 9x + 3 < 0$ の解は, $\dfrac{9 - \sqrt{21}}{10} < x < \dfrac{9 + \sqrt{21}}{10}$

$5x^2 - 4x + 3 > 0$ の解は, すべての実数

次の連立不等式を解け。

(1) $\begin{cases} 2x^2 + 5x - 3 < 0 \\ x^2 + x - 3 < 0 \end{cases}$

(2) $\begin{cases} x^2 - 5x - 14 > 0 \\ 2x^2 - 5x - 4 > 0 \end{cases}$

(3) $\begin{cases} 3x^2 + 5x - 2 > 0 \\ x^2 - 3x - 4 \geqq 0 \end{cases}$

(4) $\begin{cases} x^2 + 2x - 4 < 0 \\ x^2 + 4x - 6 < 0 \end{cases}$

(5) $\begin{cases} 4x^2 - 12x + 5 < 0 \\ 2x^2 - x - 1 \geqq 0 \end{cases}$

問題 7−4 解答

(1) $\dfrac{-1-\sqrt{13}}{2} < x < \dfrac{1}{2}$ (2) $x < -2, \quad 7 < x$

(3) $x < -2, \quad 4 \leqq x$ (4) $-1-\sqrt{5} < x < -2+\sqrt{10}$

(5) $1 \leqq x < \dfrac{5}{2}$

【参考】

(1) $2x^2 + 5x - 3 < 0$ の解は，$-3 < x < \dfrac{1}{2}$

$x^2 + x - 3 < 0$ の解は，$\dfrac{-1-\sqrt{13}}{2} < x < \dfrac{-1+\sqrt{13}}{2}$

(2) $x^2 - 5x - 14 > 0$ の解は，$x < -2, \quad 7 < x$

$2x^2 - 5x - 4 > 0$ の解は，$x < \dfrac{5-\sqrt{57}}{4}, \quad \dfrac{5+\sqrt{57}}{4} < x$

(3) $3x^2 + 5x - 2 > 0$ の解は，$x < -2, \quad \dfrac{1}{3} < x$

$x^2 - 3x - 4 \geqq 0$ の解は，$x \leqq -1, \quad 4 \leqq x$

(4) $x^2 + 2x - 4 < 0$ の解は，$-1-\sqrt{5} < x < -1+\sqrt{5}$

$x^2 + 4x - 6 < 0$ の解は，$-2-\sqrt{10} < x < -2+\sqrt{10}$

(5) $4x^2 - 12x + 5 < 0$ の解は，$\dfrac{1}{2} < x < \dfrac{5}{2}$

$2x^2 - x - 1 \geqq 0$ の解は，$x \leqq -\dfrac{1}{2}, \quad 1 \leqq x$

次の連立不等式を解け。

(1) $\begin{cases} 2x^2 + x - 5 < 0 \\ 3x^2 - x - 1 \geqq 0 \end{cases}$

(2) $\begin{cases} x^2 - 4x - 12 > 0 \\ 2x^2 + 9x - 5 \leqq 0 \end{cases}$

(3) $\begin{cases} 2x^2 - x - 2 < 0 \\ 2x^2 + x - 6 < 0 \end{cases}$

(4) $\begin{cases} 3x^2 - 5x - 2 \geqq 0 \\ 3x^2 + 4x - 2 \leqq 0 \end{cases}$

(5) $\begin{cases} 2x^2 + 6x - 5 < 0 \\ 3x^2 - x - 2 \leqq 0 \end{cases}$

問題 7−5 解答

(1) $\dfrac{-1-\sqrt{41}}{4} < x \leqq \dfrac{1-\sqrt{13}}{6}$, $\dfrac{1+\sqrt{13}}{6} \leqq x < \dfrac{-1+\sqrt{41}}{4}$

(2) $-5 \leqq x < -2$ (3) $\dfrac{1-\sqrt{17}}{4} < x < \dfrac{1+\sqrt{17}}{4}$

(4) $\dfrac{-2-\sqrt{10}}{3} \leqq x \leqq -\dfrac{1}{3}$ (5) $-\dfrac{2}{3} \leqq x < \dfrac{-3+\sqrt{19}}{2}$

【参考】

(1) $2x^2 + x - 5 < 0$ の解は, $\dfrac{-1-\sqrt{41}}{4} < x < \dfrac{-1+\sqrt{41}}{4}$

$3x^2 - x - 1 \geqq 0$ の解は, $x \leqq \dfrac{1-\sqrt{13}}{6}$, $\dfrac{1+\sqrt{13}}{6} \leqq x$

(2) $x^2 - 4x - 12 > 0$ の解は, $x < -2$, $6 < x$

$2x^2 + 9x - 5 \leqq 0$ の解は, $-5 \leqq x \leqq \dfrac{1}{2}$

(3) $2x^2 - x - 2 < 0$ の解は, $\dfrac{1-\sqrt{17}}{4} < x < \dfrac{1+\sqrt{17}}{4}$

$2x^2 + x - 6 < 0$ の解は, $-2 < x < \dfrac{3}{2}$

(4) $3x^2 - 5x - 2 \geqq 0$ の解は, $x \leqq -\dfrac{1}{3}$, $2 \leqq x$

$3x^2 + 4x - 2 \leqq 0$ の解は, $\dfrac{-2-\sqrt{10}}{3} \leqq x \leqq \dfrac{-2+\sqrt{10}}{3}$

(5) $2x^2 + 6x - 5 < 0$ の解は, $\dfrac{-3-\sqrt{19}}{2} < x < \dfrac{-3+\sqrt{19}}{2}$

$3x^2 - x - 2 \leqq 0$ の解は, $-\dfrac{2}{3} \leqq x \leqq 1$

116

次の連立不等式を解け。

(1) $\begin{cases} x^2 - 3x - 4 > 0 \\ 2x^2 - x - 10 > 0 \end{cases}$

(2) $\begin{cases} 3x^2 + 8x - 3 \geqq 0 \\ x^2 - 8x + 9 \leqq 0 \end{cases}$

(3) $\begin{cases} 5x^2 - 34x - 7 < 0 \\ x^2 - 14x + 40 \geqq 0 \end{cases}$

(4) $\begin{cases} 14x^2 + 15x - 9 \leqq 0 \\ 5x^2 + x + 3 > 0 \end{cases}$

(5) $\begin{cases} 12x^2 - 59x + 55 < 0 \\ x^2 + 2x - 10 > 0 \end{cases}$

問題 7−6 解答

(1) $x < -2, \quad 4 < x$ (2) $4 - \sqrt{7} \leqq x \leqq 4 + \sqrt{7}$

(3) $-\dfrac{1}{5} < x \leqq 4$ (4) $-\dfrac{3}{2} \leqq x \leqq \dfrac{3}{7}$

(5) $-1 + \sqrt{11} < x < \dfrac{11}{3}$

【参考】

(1) $x^2 - 3x - 4 > 0$ の解は, $x < -1, \quad 4 < x$

    $2x^2 - x - 10 > 0$ の解は, $x < -2, \quad \dfrac{5}{2} < x$

(2) $3x^2 + 8x - 3 \geqq 0$ の解は, $x \leqq -3, \quad \dfrac{1}{3} \leqq x$

    $x^2 - 8x + 9 \leqq 0$ の解は, $4 - \sqrt{7} \leqq x \leqq 4 + \sqrt{7}$

(3) $5x^2 - 34x - 7 < 0$ の解は, $-\dfrac{1}{5} < x < 7$

    $x^2 - 14x + 40 \geqq 0$ の解は, $x \leqq 4, \quad 10 \leqq x$

(4) $14x^2 + 15x - 9 \leqq 0$ の解は, $-\dfrac{3}{2} \leqq x \leqq \dfrac{3}{7}$

    $5x^2 + x + 3 > 0$ の解は, すべての実数

(5) $12x^2 - 59x + 55 < 0$ の解は, $\dfrac{5}{4} < x < \dfrac{11}{3}$

    $x^2 + 2x - 10 > 0$ の解は, $x < -1 - \sqrt{11}, \quad -1 + \sqrt{11} < x$

制限時間 A：**3** 分	実施日	月　　日	得点	／5
制限時間 B：**5** 分	実施日	月　　日	得点	／5

次の連立不等式を解け。

(1) $\begin{cases} 6x^2 - 7x - 3 > 0 \\ x^2 - 2x - 1 < 0 \end{cases}$

(2) $\begin{cases} x^2 - 4x - 7 < 0 \\ 5x^2 + 33x - 14 < 0 \end{cases}$

(3) $\begin{cases} 3x^2 - 8x - 16 < 0 \\ 8x^2 - 30x - 27 < 0 \end{cases}$

(4) $\begin{cases} x^2 - 20x + 99 > 0 \\ x^2 - 20x + 96 < 0 \end{cases}$

(5) $\begin{cases} x^2 - 7x - 120 > 0 \\ 3x^2 - 94x + 91 < 0 \end{cases}$

問題 7−7 解答

(1) $1 - \sqrt{2} < x < -\dfrac{1}{3}$, $\quad \dfrac{3}{2} < x < 1 + \sqrt{2}$

(2) $2 - \sqrt{11} < x < \dfrac{2}{5}$ $\quad$ (3) $-\dfrac{3}{4} < x < 4$

(4) $8 < x < 9$, $\quad 11 < x < 12$ $\quad$ (5) $15 < x < \dfrac{91}{3}$

【参考】

(1) $6x^2 - 7x - 3 > 0$ の解は, $x < -\dfrac{1}{3}$, $\dfrac{3}{2} < x$

$\quad$ $x^2 - 2x - 1 < 0$ の解は, $1 - \sqrt{2} < x < 1 + \sqrt{2}$

(2) $x^2 - 4x - 7 < 0$ の解は, $2 - \sqrt{11} < x < 2 + \sqrt{11}$

$\quad$ $5x^2 + 33x - 14 < 0$ の解は, $-7 < x < \dfrac{2}{5}$

(3) $3x^2 - 8x - 16 < 0$ の解は, $-\dfrac{4}{3} < x < 4$

$\quad$ $8x^2 - 30x - 27 < 0$ の解は, $-\dfrac{3}{4} < x < \dfrac{9}{2}$

(4) $x^2 - 20x + 99 > 0$ の解は, $x < 9$, $11 < x$

$\quad$ $x^2 - 20x + 96 < 0$ の解は, $8 < x < 12$

(5) $x^2 - 7x - 120 > 0$ の解は, $x < -8$, $15 < x$

$\quad$ $3x^2 - 94x + 91 < 0$ の解は, $1 < x < \dfrac{91}{3}$

120

第8回
Standard Stage 整数解

目標 $axy + bx + cy + d = 0$ 型の方程式 (a, b, c, d は整数) の整数解を素早く求められるようになる。

革命計算法
Revolutionary Technique

以下において文字はすべて整数とする。

$axy + bx + cy + d = 0$ の形で与えられる方程式を $(px + q)(ry + s) = t$ の形に変形することで, 整数 $px + q$ と $ry + s$ の組を求め, そこから整数 x, y を求める。

例1

方程式

$$xy + 3x + 2y + 1 = 0 \qquad \cdots\cdots ①$$

の整数解を求める。

① の左辺は因数分解ができないが, 定数項が別の値であれば因数分解ができる。すなわち,

$$xy + 3x + 2y + \boxed{ⓐ} = (x + \boxed{ⓑ})(y + \boxed{ⓒ}) \qquad \cdots\cdots ②$$

のように, ⓐ に適当な整数を入れて右辺の形に変形することを考える。

このような変形はまず ⓑ, ⓒ から決定し, 最後に ⓐ が決まる。具体的に説明すると, ⓑ は ② の左辺の y の係数が 2 であることから ⓑ = 2 となる。同じように ⓒ は ② の左辺の x の係数が 3 であることから ⓒ = 3 となる。

この段階で ② は,

$$xy + 3x + 2y + \boxed{ⓐ} = (x + 2)(y + 3)$$

となって, 右辺を展開したときの定数項が 6 であることから ⓐ = 6 となる。これで ② は,

$$xy + 3x + 2y + 6 = (x + 2)(y + 3) \qquad \cdots\cdots ③$$

となる。③ を利用して次のように求めるとよい。

$\boxed{1}$ まず, ① の左辺の「1」を右辺に移項する。

$$xy + 3x + 2y = -1$$

$\boxed{2}$ 次に, 左辺を「積の形」にする。(両辺に 6 を加えることになる。)

$$(x+2)(y+3) = -1 + 6$$

$\boxed{3}$ 右辺を計算する。

$$(x+2)(y+3) = 5$$

$\boxed{4}$ $x+2$ と $y+3$ は積が 5 になる整数の組であるから, そのような組を列挙する。

$$(x+2, y+3) = (1,5),\ (5,1),\ (-1,-5),\ (-5,-1)$$

$\boxed{5}$ 一度に x と y を求めると間違えやすいので, まず x だけ求める。(2 を引けばよい。)

$$(x, y) = (-1,\quad),\ (3,\quad),\ (-3,\quad),\ (-7,\quad)$$

$\boxed{6}$ 次に y を求める。これでできあがり。

$$(x, y) = (-1, 2),\ (3, -2),\ (-3, -8),\ (-7, -4)$$

以上の手続きを途中の $\boxed{3}$ を書く程度で $\boxed{6}$ を書くようにしたい。

例2

次に, 方程式

$$6xy - 4x + 3y - 9 = 0 \qquad\qquad \cdots\cdots①$$

の整数解を求めてみよう。

これは, xy の係数が 1 ではなく 6 であるから,

$$6xy - 4x + 3y + \boxed{ⓐ} = (2x + \boxed{ⓑ})(3y + \boxed{ⓒ}) \qquad\qquad \cdots\cdots②$$

のように, 右辺の x, y の係数を 2, 3 のようにしておく。

左辺の x, y の係数から, ⓑ $= 1$, ⓒ $= -2$ となるから, この段階で ② は,

$$6xy - 4x + 3y + \boxed{\text{ⓐ}} = (2x+1)(3y-2) \qquad \cdots\cdots\text{③}$$

となり，右辺の定数項が -2 であることから ⓐ $= -2$ が得られる。したがって，③ は，

$$6xy - 4x + 3y - 2 = (2x+1)(3y-2)$$

となる。これを利用して ① の整数解は次のように求めるとよい。

[1] ① の左辺の定数項 -9 を移項し，その後で両辺に -2 を加える。

$$6xy - 4x + 3y - 2 = 9 - 2$$

[2] 左辺を因数分解する。

$$(2x+1)(3y-2) = 7$$

[3] 積が 7 になる 2 つの整数 $2x+1$，$3y-2$ の組を求める。その際，$3y-2$ が 3 で割ると 1 余る整数であることに注意し，そのような組のみを求める。

$$(2x+1, 3y-2) = (1, 7),\ (7, 1)$$

[注]

ここで $(2x+1, 3y-2) = (-1, -7),\ (-7, -1)$ を記しておいてもよいが，-7 と -1 は「3 で割ると 1 余る整数」すなわち「(3 の倍数)$+1$」ではないので，y は整数にはならず，最終的には与えられた方程式の整数解には結びつかない。

[4] まず，x を求める。

$$(x, y) = (0, \qquad),\ (3, \qquad)$$

[5] 次に y を求めて与えられた方程式の整数解が求められたことになる。

$$(x, y) = (0, 3),\ (3, 1)$$

例3

次の方程式の整数解を求めよ。

$$2xy - 3x - y + 2 = 0 \qquad \cdots\cdots\text{①}$$

今度は，もう少し簡単に記すこととする。

1 まず, -2 を移項し, これまでと同じように積の形を作る。その場合「分数」が現れる。

$$(2x - 1)\left(y - \frac{3}{2}\right) = -2 + \frac{3}{2}$$

2 両辺を 2 倍して分数形を作らないようにする。

$$(2x - 1)(2y - 3) = -1$$

3 積が -1 になる 2 つの整数の組 $(2x - 1, 2y - 3)$ を求める。

$$(2x - 1, 2y - 3) = (1, -1),\ (-1, 1)$$

4 x と y の組を求める。

$$(x, y) = (1, 1),\ (0, 2)$$

次の方程式の整数解を求めよ。

(1)　$xy + x + y = 0$

(2)　$xy - x + 3y - 5 = 0$

(3)　$xy + 2x - 2y - 7 = 0$

(4)　$xy + y - 5 = 0$

(5)　$xy - x + 3y - 1 = 0$

問題 8−1 解答

(1) $(x, y) = (0, 0),\ (-2, -2)$

(2) $(x, y) = (-2, 3),\ (-1, 2),\ (-4, -1),\ (-5, 0)$

(3) $(x, y) = (3, 1),\ (5, -1),\ (1, -5),\ (-1, -3)$

(4) $(x, y) = (0, 5),\ (4, 1),\ (-2, -5),\ (-6, -1)$

(5) $(x, y) = (-2, -1),\ (-5, 2),\ (-1, 0),\ (-4, 3)$

【参考】

(1) $(x + 1)(y + 1) = 1$ となるから,

$$(x + 1, y + 1) = (1, 1),\ (-1, -1)$$
$$\therefore \quad (x, y) = (0, 0),\ (-2, -2)$$

(2) $(x + 3)(y - 1) = 2$ となるから,

$$(x + 3, y - 1) = (1, 2),\ (2, 1),\ (-1, -2),\ (-2, -1)$$
$$\therefore \quad (x, y) = (-2, 3),\ (-1, 2),\ (-4, -1),\ (-5, 0)$$

(3) $(x - 2)(y + 2) = 3$ となるから,

$$(x - 2, y + 2) = (1, 3),\ (3, 1),\ (-1, -3),\ (-3, -1)$$
$$\therefore \quad (x, y) = (3, 1),\ (5, -1),\ (1, -5),\ (-1, -3)$$

(4) $(x + 1)y = 5$ となるから,

$$(x + 1, y) = (1, 5),\ (5, 1),\ (-1, -5),\ (-5, -1)$$
$$\therefore \quad (x, y) = (0, 5),\ (4, 1),\ (-2, -5),\ (-6, -1)$$

(5) $(x + 3)(y - 1) = -2$ となるから,

$$(x + 3, y - 1) = (1, -2),\ (-2, 1),\ (2, -1),\ (-1, 2)$$
$$\therefore \quad (x, y) = (-2, -1),\ (-5, 2),\ (-1, 0),\ (-4, 3)$$

次の方程式の整数解を求めよ。

(1) $xy - 3x + 4y - 23 = 0$

(2) $xy - 7x - 3y + 2 = 0$

(3) $xy - x + 2y - 11 = 0$

(4) $xy - 6x + 6y - 5 = 0$

(5) $xy - 9x + y + 6 = 0$

問題 8-2 解答

(1) $(x, y) = (-3, 14), (7, 4), (-5, -8), (-15, 2)$

(2) $(x, y) = (4, 26), (22, 8), (2, -12), (-16, 6)$

(3) $(x, y) = (-1, 10), (1, 4), (7, 2), (-3, -8), (-5, -2), (-11, 0)$

(4) $(x, y) = (-5, -25), (25, 5), (-7, 37), (-37, 7)$

(5) $(x, y) = (0, -6), (2, 4), (4, 6), (14, 8),$

$\qquad\qquad (-2, 24), (-4, 14), (-6, 12), (-16, 10)$

【参考】

(1) $(x+4)(y-3) = 11$ となるから，

$$(x+4, y-3) = (1, 11), (11, 1), (-1, -11), (-11, -1)$$
$$\therefore \quad (x, y) = (-3, 14), (7, 4), (-5, -8), (-15, 2)$$

(2) $(x-3)(y-7) = 19$ となるから，

$$(x-3, y-7) = (1, 19), (19, 1), (-1, -19), (-19, -1)$$
$$\therefore \quad (x, y) = (4, 26), (22, 8), (2, -12), (-16, 6)$$

(3) $(x+2)(y-1) = 9$ となるから，

$$(x+2, y-1) = (1, 9), (3, 3), (9, 1), (-1, -9), (-3, -3), (-9, -1)$$
$$\therefore \quad (x, y) = (-1, 10), (1, 4), (7, 2), (-3, -8), (-5, -2), (-11, 0)$$

(4) $(x+6)(y-6) = -31$ となるから，

$$(x+6, y-6) = (1, -31), (31, -1), (-1, 31), (-31, 1)$$
$$\therefore \quad (x, y) = (-5, -25), (25, 5), (-7, 37), (-37, 7)$$

(5) $(x+1)(y-9) = -15$ となるから，

$$(x+1, y-9) = (1, -15), (3, -5), (5, -3), (15, -1),$$
$$\qquad\qquad (-1, 15), (-3, 5), (-5, 3), (-15, 1)$$
$$\therefore \quad (x, y) = (0, -6), (2, 4), (4, 6), (14, 8),$$
$$\qquad\qquad (-2, 24), (-4, 14), (-6, 12), (-16, 10)$$

制限時間 A：**3** 分	実施日　　月　　日	得点	／5
制限時間 B：**6** 分	実施日　　月　　日	得点	／5

次の方程式の整数解を求めよ。

(1)　$xy - 6x + 4y + 1 = 0$

(2)　$xy - 5x + 7y + 2 = 0$

(3)　$xy - x + 2y - 6 = 0$

(4)　$2xy - 4x + y + 1 = 0$

(5)　$3xy + x + 6y - 5 = 0$

問題 8−3 解答

(1) $(x, y) = (-3, -19), (1, 1), (21, 5), (-5, 31), (-9, 11),$

$\qquad (-29, 7)$

(2) $(x, y) = (-6, -32), (30, 4), (-8, 42), (-44, 6)$

(3) $(x, y) = (-1, 5), (0, 3), (2, 2), (-3, -3), (-4, -1), (-6, 0)$

(4) $(x, y) = (0, -1), (1, 1), (-1, 5), (-2, 3)$

(5) $(x, y) = (-1, 2), (5, 0)$

【参考】

(1) $(x + 4)(y - 6) = -25$ となるから,

$\quad (x + 4, y - 6) = (1, -25), (5, -5), (25, -1), (-1, 25), (-5, 5), (-25, 1)$

$\quad \therefore \quad (x, y) = (-3, -19), (1, 1), (21, 5), (-5, 31), (-9, 11), (-29, 7)$

(2) $(x + 7)(y - 5) = -37$ となるから,

$\quad (x + 7, y - 5) = (1, -37), (37, -1), (-1, 37), (-37, 1)$

$\quad \therefore \quad (x, y) = (-6, -32), (30, 4), (-8, 42), (-44, 6)$

(3) $(x + 2)(y - 1) = 4$ となるから,

$\quad (x + 2, y - 1) = (1, 4), (2, 2), (4, 1), (-1, -4), (-2, -2), (-4, -1)$

$\quad \therefore \quad (x, y) = (-1, 5), (0, 3), (2, 2), (-3, -3), (-4, -1), (-6, 0)$

(4) $(2x + 1)(y - 2) = -3$ となるから,

$\quad (2x + 1, y - 2) = (1, -3), (3, -1), (-1, 3), (-3, 1)$

$\quad \therefore \quad (x, y) = (0, -1), (1, 1), (-1, 5), (-2, 3)$

(5) $(x + 2)(3y + 1) = 7$ となるから,

$\quad (x + 2, 3y + 1) = (1, 7), (7, 1)$

$\quad (x, y) = (-1, 2), (5, 0)$

$\left(\begin{array}{l} \leftarrow 3y + 1 \text{ が「3 で割ると 1 余る} \\ \quad \text{整数」であることに注意せよ。} \end{array} \right)$

130

次の方程式の整数解を求めよ。

(1)　$xy - 4x - 7y - 1 = 0$

(2)　$xy - 10x + y - 20 = 0$

(3)　$2xy + 2x - 3y + 4 = 0$

(4)　$3xy - 9x - 5y + 5 = 0$

(5)　$6xy + 2x - 3y - 13 = 0$

問題 8−4 解答

(1) $(x, y) = (8, 33), (36, 5), (6, -25), (-22, 3)$

(2) $(x, y) = (0, 20), (1, 15), (4, 12), (9, 11),$

$(-2, 0), (-3, 5), (-6, 8), (-11, 9)$

(3) $(x, y) = (2, -8), (5, -2), (1, 6), (-2, 0)$

(4) $(x, y) = (2, 13), (5, 4), (1, -2), (0, 1)$

(5) $(x, y) = (2, 1)$

【参考】

(1) $(x-7)(y-4) = 29$ となるから,

$(x-7, y-4) = (1, 29), (29, 1), (-1, -29), (-29, -1)$

∴ $(x, y) = (8, 33), (36, 5), (6, -25), (-22, 3)$

(2) $(x+1)(y-10) = 10$ となるから,

$(x+1, y-10) = (1, 10), (2, 5), (5, 2), (10, 1), (-1, -10), (-2, -5),$

$(-5, -2), (-10, -1)$

∴ $(x, y) = (0, 20), (1, 15), (4, 12), (9, 11), (-2, 0), (-3, 5), (-6, 8), (-11, 9)$

(3) $(2x-3)(y+1) = -7$ となるから,

$(2x-3, y+1) = (1, -7), (7, -1), (-1, 7), (-7, 1)$

∴ $(x, y) = (2, -8), (5, -2), (1, 6), (-2, 0)$

(4) $(3x-5)(y-3) = 10$ となるから,

$(3x-5, y-3) = (1, 10), (10, 1), (-2, -5), (-5, -2)$ $\left(\begin{array}{l} ← 3x-5 \text{ が「3 で} \\ \text{割ると 1 余る} \\ \text{整数」であるこ} \\ \text{とに注意せよ。} \end{array} \right)$

∴ $(x, y) = (2, 13), (5, 4), (1, -2), (0, 1)$

(5) $(2x-1)(3y+1) = 12$ となるから,

$(2x-1, 3y+1) = (3, 4)$ ∴ $(x, y) = (2, 1)$

132

次の方程式の整数解を求めよ。

(1) $5xy + 10x + y - 10 = 0$

(2) $7xy + 2x - 14y + 14 = 0$

(3) $6xy + 2x + 3y - 14 = 0$

(4) $6xy - 12x + y - 30 = 0$

(5) $12xy - 3x + 4y - 22 = 0$

問題 8−5 解答

(1) $(x, y) = (0, 10), (1, 0), (-1, -5)$

(2) $(x, y) = (-7, 0), (0, 1)$

(3) $(x, y) = (7, 0), (-2, -2)$

(4) $(x, y) = (0, 30), (1, 6)$

(5) $(x, y) = (2, 1)$

【参考】

(1) $(5x + 1)(y + 2) = 12$ となるから，

$$(5x + 1, y + 2) = (1, 12), (6, 2), (-4, -3)$$
$$\therefore \quad (x, y) = (0, 10), (1, 0), (-1, -5)$$

(2) $(x - 2)(7y + 2) = -18$ となるから，

$$(x - 2, 7y + 2) = (-9, 2), (-2, 9)$$
$$\therefore \quad (x, y) = (-7, 0), (0, 1)$$

(3) $(2x + 1)(3y + 1) = 15$ となるから，

$$(2x + 1, 3y + 1) = (15, 1), (-3, -5)$$
$$\therefore \quad (x, y) = (7, 0), (-2, -2)$$

(4) $(6x + 1)(y - 2) = 28$ となるから，

$$(6x + 1, y - 2) = (1, 28), (7, 4)$$
$$\therefore \quad (x, y) = (0, 30), (1, 6)$$

(5) $(3x + 1)(4y - 1) = 21$ となるから，

$$(3x + 1, 4y - 1) = (7, 3)$$
$$\therefore \quad (x, y) = (2, 1)$$

次の方程式の整数解を求めよ。

(1)　$15xy - 3x + 10y - 47 = 0$

(2)　$21xy - 35x + 9y - 115 = 0$

(3)　$6xy + 5x + 3y - 25 = 0$

(4)　$2xy + 3x - y + 2 = 0$

(5)　$5xy - 15x + y + 9 = 0$

問題 8−6 解答

(1) $(x, y) = (1, 2)$

(2) $(x, y) = (1, 5)$

(3) $(x, y) = (5, 0), \ (2, 1), \ (-1, -10), \ (-28, -1)$

(4) $(x, y) = (1, -5), \ (4, -2), \ (0, 2), \ (-3, -1)$

(5) $(x, y) = (0, -9), \ (1, 1), \ (-1, 6)$

【参考】

(1) $(3x + 2)(5y - 1) = 45$ となるから，

$$(3x + 2, 5y - 1) = (5, 9)$$
$$\therefore \quad (x, y) = (1, 2)$$

(2) $(7x + 3)(3y - 5) = 100$ となるから，

$$(7x + 3, 3y - 5) = (10, 10)$$
$$\therefore \quad (x, y) = (1, 5)$$

(3) $(2x + 1)(6y + 5) = 55$ となるから，

$$(2x + 1, 6y + 5) = (11, 5), \ (5, 11), \ (-1, -55), \ (-55, -1)$$
$$\therefore \quad (x, y) = (5, 0), \ (2, 1), \ (-1, -10), \ (-28, -1)$$

(4) $(2x - 1)(2y + 3) = -7$ となるから，

$$(2x - 1, 2y + 3) = (1, -7), \ (7, -1), \ (-1, 7), \ (-7, 1)$$
$$\therefore \quad (x, y) = (1, -5), \ (4, -2), \ (0, 2), \ (-3, -1)$$

(5) $(5x + 1)(y - 3) = -12$ となるから，

$$(5x + 1, y - 3) = (1, -12), \ (6, -2), \ (-4, 3)$$
$$\therefore \quad (x, y) = (0, -9), \ (1, 1), \ (-1, 6)$$

次の方程式の整数解を求めよ。

(1) $3xy - 4x + 2y - 16 = 0$

(2) $6xy + x + 6y - 41 = 0$

(3) $4xy - 3x + 2y - 14 = 0$

(4) $6xy + 7x - 2y - 14 = 0$

(5) $8xy + 5x + 4y - 17 = 0$

問題 8−7 解答

(1) $(x, y) = (0, 8), (1, 4), (2, 3), (6, 2),$

$(-1, -12), (-2, -2), (-4, 0), (-14, 1)$

(2) $(x, y) = (41, 0), (5, 1)$

(3) $(x, y) = (12, 1), (2, 2), (0, 7)$

(4) $(x, y) = (2, 0), (12, -1), (0, -7), (-2, -2)$

(5) $(x, y) = (1, 1), (-7, -1)$

【参考】

(1) $(3x + 2)(3y - 4) = 40$ となるから，

$(3x + 2, 3y - 4) = (2, 20), (5, 8), (8, 5), (20, 2),$

$(-1, -40), (-4, -10), (-10, -4), (-40, -1)$

$\therefore \quad (x, y) = (0, 8), (1, 4), (2, 3), (6, 2),$

$(-1, -12), (-2, -2), (-4, 0), (-14, 1)$

(2) $(x + 1)(6y + 1) = 42$ となるから，

$(x + 1, 6y + 1) = (42, 1), (6, 7)$ $\qquad \therefore \quad (x, y) = (41, 0), (5, 1)$

(3) $(2x + 1)(4y - 3) = 25$ となるから，

$(2x + 1, 4y - 3) = (25, 1), (5, 5), (1, 25)$

$\therefore \quad (x, y) = (12, 1), (2, 2), (0, 7)$

(4) $(3x - 1)(6y + 7) = 35$ となるから，

$(3x - 1, 6y + 7) = (5, 7), (35, 1), (-1, -35), (-7, -5)$

$\therefore \quad (x, y) = (2, 0), (12, -1), (0, -7), (-2, -2)$

(5) $(2x + 1)(8y + 5) = 39$ となるから，

$(2x + 1, 8y + 5) = (3, 13), (-13, -3)$

$\therefore \quad (x, y) = (1, 1), (-7, -1)$

第9回 三角形の面積

目標 座標平面上の 3 頂点の座標が与えられてある三角形の面積
をすばやく求められるようになる。

革命計算法
Revolutionary Technique

三角形 ABC において, $\overrightarrow{AB} = \begin{pmatrix} a \\ c \end{pmatrix}$, $\overrightarrow{AC} = \begin{pmatrix} b \\ d \end{pmatrix}$ で

あるとき, 三角形 ABC の面積は,

$$\triangle ABC = \frac{1}{2}|ad - bc|$$

で与えられる。ここではこれを用いて三角形の面積を求める
練習をする。慣れてきたら, 暗算で三角形の面積を求めるこ
とができるようにしたい。

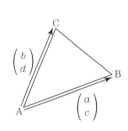

[注]

横ベクトルに慣れている場合は, 横ベクトルを使うとよい。その場合は,

$$\lceil \overrightarrow{AB} = (a, c),\ \overrightarrow{AC} = (b, d)\ \text{のとき}\ \triangle ABC = \frac{1}{2}|ad - bc|\rfloor$$

となる。

例1

3 点 A(2,4), B(1,6), C(4,5) を頂点とする三角形の面積は, $\overrightarrow{AB} = \begin{pmatrix} -1 \\ 2 \end{pmatrix}$,

$\overrightarrow{AC} = \begin{pmatrix} 2 \\ 1 \end{pmatrix}$ より,

$$\triangle ABC = \frac{1}{2}|(-1)\cdot 1 - 2 \cdot 2| = \frac{5}{2}$$

である。

[注]

三角形の面積を求めるにあたって「$\overrightarrow{AB}$ と $\overrightarrow{AC}$」を用いたが, 「$\overrightarrow{BA}$ と $\overrightarrow{BC}$」を用いてもか
まわない。また, 「$\overrightarrow{AB}$ と $\overrightarrow{BC}$」のように始点が一致していないベクトルを用いてもよい。

この章で扱う問題 9-1 ～ 問題 9-7 は次の例 2 のように 4 点が与えられ, 4 点
から 3 点を選んでできる三角形の面積をすべて求める問題である。

第9回

例2

4 点 A, B, C, D が次のように与えられるとき △ABC, △ABD, △ACD, △BCD の面積を求め, さらに, 4 点を含む最小の凸多角形 (閉包) の面積を求めよ.

$$A(1,1),\ B(5,2),\ C(3,6),\ D(0,5)$$

解説

まず, △ABC の面積を求める。これは, $\overrightarrow{AB} = \begin{pmatrix} 4 \\ 1 \end{pmatrix}$, $\overrightarrow{AC} = \begin{pmatrix} 2 \\ 5 \end{pmatrix}$ であるから,

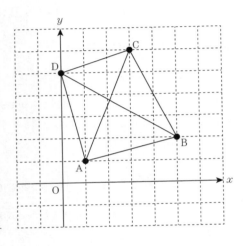

$$\triangle ABC = \frac{1}{2}|4 \cdot 5 - 1 \cdot 2| = 9$$

である。

次に, △ABD の面積は,

$$\overrightarrow{AB} = \begin{pmatrix} 4 \\ 1 \end{pmatrix}, \quad \overrightarrow{AD} = \begin{pmatrix} -1 \\ 4 \end{pmatrix}$$

より ($\overrightarrow{AB}$ はすでに求めてある),

$$\triangle ABD = \frac{1}{2}|4 \cdot 4 - 1(-1)| = \frac{17}{2}$$

である。同様にして,

$$\triangle ACD = \frac{1}{2}|2 \cdot 4 - 5(-1)| = \frac{13}{2}, \quad \triangle BCD = \frac{1}{2}|(-2) \cdot 3 - (-5) \cdot 4| = 7$$

ここで, 4 点が図のように四角形を作っている場合,

$$\triangle ABC + \triangle ACD = \triangle ABD + \triangle BCD$$

が成り立っていることを確認するとよい。

このように 4 点が四角形を作っている場合は, 4 点を含む最小の凸多角形とは 4 点を頂点とする四角形 (ここでは四角形 ABCD) のことであり, ここでは面積は $\frac{31}{2}$ である。

また, 4 点が右のようになっている場合は, 4 点を含む最小の凸多角形とは △ABD のことである。

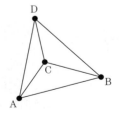

140

　4 点 A, B, C, D が次のように与えられるとき, △ABC, △ABD, △ACD, △BCD の面積を求め, さらに, 4 点を含む最小の凸多角形 (閉包) の面積を求めよ。

$$A(0,0), \quad B(1,3), \quad C(2,1), \quad D(1,6)$$

141

問題 9−1 解答

$$\triangle ABC = \frac{5}{2}, \quad \triangle ABD = \frac{3}{2}, \quad \triangle ACD = \frac{11}{2}, \quad \triangle BCD = \frac{3}{2}$$

凸多角形の面積は $\dfrac{11}{2}$

【参考】

図のようになる。この場合は 4 点を含む凸多角形とは △ACD である。

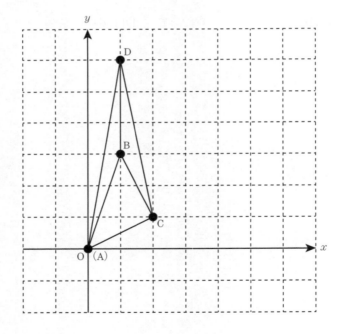

[注]

△ACD = △ABC + △ABD + △BCD が成り立っていることに注意。

142

制限時間 A：**4** 分	実施日	月　　日	得点	／5
制限時間 B：**6** 分	実施日	月　　日	得点	／5

4 点 A, B, C, D が次のように与えられるとき, △ABC, △ABD, △ACD, △BCD の面積を求め, さらに, 4 点を含む最小の凸多角形 (閉包) の面積を求めよ.

$$A(1,1), \quad B(3,2), \quad C(1,4), \quad D(2,7)$$

問題 9−2 解答

$\triangle ABC = 3$, $\triangle ABD = \dfrac{11}{2}$, $\triangle ACD = \dfrac{3}{2}$, $\triangle BCD = 4$

凸多角形の面積は **7**

【参考】

図のようになる。この場合は 4 点を含む凸多角形とは四角形 ABDC である。

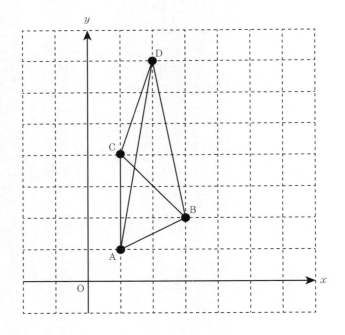

[注]

$\triangle ABC + \triangle BCD = \triangle ABD + \triangle ACD$ が成り立っていることに注意。

問題 **9-3**	今週のテーマ	**三角形の面積**						
		1	2	**3**	4	5	6	7
制限時間 A：**4** 分	実施日		月	日		得点		／5
制限時間 B：**6** 分	実施日		月	日		得点		／5

4 点 A, B, C, D が次のように与えられるとき, △ABC, △ABD, △ACD, △BCD の面積を求め, さらに, 4 点を含む最小の凸多角形 (閉包) の面積を求めよ。

$$A(2,1), \quad B(1,5), \quad C(3,6), \quad D(4,1)$$

問題 9-3 解答

$$\triangle\text{ABC} = \frac{9}{2}, \quad \triangle\text{ABD} = 4, \quad \triangle\text{ACD} = 5, \quad \triangle\text{BCD} = \frac{11}{2}$$

凸多角形の面積は $\dfrac{19}{2}$

【参考】

　図のようになる。この場合は 4 点を含む凸多角形とは四角形 ADCB である。

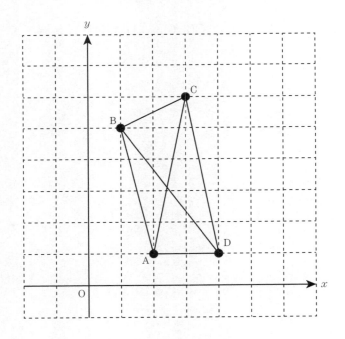

4 点 A, B, C, D が次のように与えられるとき, △ABC, △ABD, △ACD, △BCD の面積を求め, さらに, 4 点を含む最小の凸多角形 (閉包) の面積を求めよ。

$$A(-1, 2), \quad B(6, 3), \quad C(3, 5), \quad D(2, -1)$$

問題 9-4 解答

$$\triangle\text{ABC} = \frac{17}{2}, \quad \triangle\text{ABD} = 12, \quad \triangle\text{ACD} = \frac{21}{2}, \quad \triangle\text{BCD} = 10$$

凸多角形の面積は $\dfrac{41}{2}$

【参考】

図のようになる。この場合は 4 点を含む凸多角形とは四角形 ADBC である。

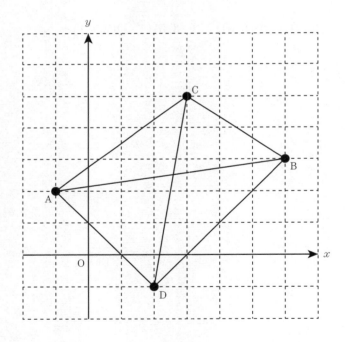

4 点 A, B, C, D が次のように与えられるとき, △ABC, △ABD, △ACD, △BCD の面積を求め, さらに, 4 点を含む最小の凸多角形 (閉包) の面積を求めよ。

$$A(3,4), \quad B\left(\frac{1}{2}, 2\right), \quad C(1,7), \quad D(5,9)$$

問題 9-5 解答

$$\triangle ABC = \frac{23}{4}, \quad \triangle ABD = \frac{17}{4}, \quad \triangle ACD = 8, \quad \triangle BCD = \frac{19}{2}$$

凸多角形の面積は $\dfrac{55}{4}$

【参考】

　図のようになる。この場合は 4 点を含む凸多角形とは四角形 ADCB である。

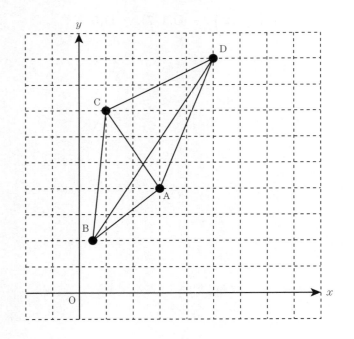

4 点 A, B, C, D が次のように与えられるとき，△ABC，△ABD，△ACD，△BCD の面積を求め，さらに，4 点を含む最小の凸多角形 (閉包) の面積を求めよ。

$$A(-2, -3), \quad B(-1, 2), \quad C\left(\frac{1}{3}, 2\right), \quad D(4, -1)$$

問題 9-6 解答

$$\triangle ABC = \frac{10}{3}, \quad \triangle ABD = 14, \quad \triangle ACD = \frac{38}{3}, \quad \triangle BCD = 2$$

凸多角形の面積は **16**

【参考】

図のようになる。この場合は 4 点を含む凸多角形とは四角形 ADCB である。

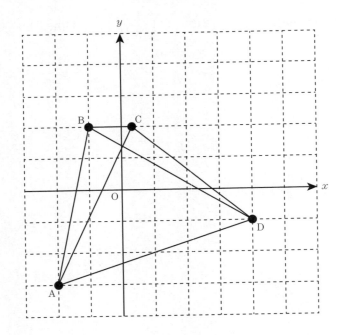

	1	2	3	4	5	6	7
制限時間 A：**4** 分	実施日		月	日		得点	／5
制限時間 B：**6** 分	実施日		月	日		得点	／5

4 点 A, B, C, D が次のように与えられるとき, △ABC, △ABD, △ACD, △BCD の面積を求め, さらに, 4 点を含む最小の凸多角形 (閉包) の面積を求めよ.

$$A\left(1, -\frac{1}{2}\right), \quad B(3, 4), \quad C(-3, 6), \quad D\left(0, \frac{9}{2}\right)$$

問題 9－7 解答

$\triangle ABC = \dfrac{31}{2}$, $\triangle ABD = \dfrac{29}{4}$, $\triangle ACD = \dfrac{27}{4}$, $\triangle BCD = \dfrac{3}{2}$

凸多角形の面積は $\dfrac{31}{2}$

【参考】

図のようになる。この場合は 4 点を含む凸多角形とは $\triangle ABC$ である。

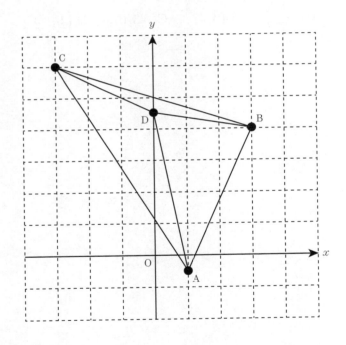

154

第 1 回

第10回 内積の計算
Standard Stage

目標 ベクトルの内積の計算とそれに類似する計算を一つずつ展開しなくても正確に計算できるようになることを目指す。このように計算することで, 計算のスピードを高める。

■ 革命計算法
Revolutionary Technique

[1] $\begin{pmatrix} 1+t \\ 2+3t \\ 4+5t \end{pmatrix} \cdot \begin{pmatrix} 2 \\ 3 \\ 1 \end{pmatrix} = 44$ の場合 (問題 10−1 〜 問題 10−3)

「普通」に計算すると次のようになる。

****

$$\begin{pmatrix} 1+t \\ 2+3t \\ 4+5t \end{pmatrix} \cdot \begin{pmatrix} 2 \\ 3 \\ 1 \end{pmatrix} = 44 \quad より$$

$$2(1+t) + 3(2+3t) + 1(4+5t) = 44$$

$$(2+9+5)t + 2 + 6 + 4 = 44$$

$$16t = 32$$

$$\therefore \quad t = 2$$

****

この程度の計算をこのように計算していたのでは時間がかかりすぎであるから, これを次のようにすませたい。

[1] まず, 左辺の t の係数を頭の中で求める

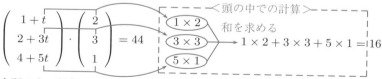

この作業を頭の中で行う。

[2]　次に, 左辺の定数項を頭の中で求める

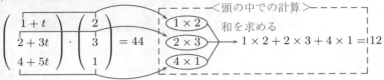

この作業を頭の中で行う。

[3]　以上の結果, 次のような 1 次式ができる

$$16t + 12 = 44$$

この式を一気に書くようにしたい。後は, この 1 次方程式を解くとよい。

結局, この問題 $\begin{pmatrix} 1+t \\ 2+3t \\ 4+5t \end{pmatrix} \cdot \begin{pmatrix} 2 \\ 3 \\ 1 \end{pmatrix} = 44$ の場合は, 次のように 2 行で t の値

を求めるようにしたい。

$$16t + 12 = 44$$
$$\therefore \quad t = 2$$

[注]

1°　このような計算は, 空間内の点から空間内の直線におろした垂線の足を求める場合などに現れる。

2°　ここでは, ベクトルを「縦ベクトル」で表記するが, これを「横ベクトル」で表記するとここであげた例の場合,

$$(1+t, 2+3t, 4+5t) \cdot (2, 3, 1) = 44$$

となる。このように読みかえて解いてもよいが, このような計算の場合は縦ベクトル表記の方が見やすいであろう。

$\boxed{2}$ $(t+1)^2 + (t-2)^2 + (t-1)^2 = 21$ の場合 （問題 10-4, 問題 10-5）

左辺の各項から現れる「t^2 の係数」,「t の係数」,「定数項」を一気に計算して

$$3t^2 - 4t + 6 = 21$$

を書くようにすること。この後は

$$3t^2 - 4t - 15 = 0$$
$$(t-3)(3t+5) = 0$$
$$\therefore \quad t = 3, -\frac{5}{3}$$

のように t を求めるとよい。最初に与えられた方程式の左辺の各項を一つずつ展開して書いてみなければ計算ができないようでは遅い。

$\boxed{3}$ $\left| \begin{pmatrix} 2+3t \\ 1-t \\ 2-t \end{pmatrix} \right| = \sqrt{41}$ の場合 （問題 10-6）

$\left| \begin{pmatrix} a \\ b \\ c \end{pmatrix} \right|$ はベクトル $\begin{pmatrix} a \\ b \\ c \end{pmatrix}$ の大きさ, すなわち, $\left| \begin{pmatrix} a \\ b \\ c \end{pmatrix} \right| = \sqrt{a^2+b^2+c^2}$ を

表す。したがって, この方程式の両辺を 2 乗すると

$$\left| \begin{pmatrix} 2+3t \\ 1-t \\ 2-t \end{pmatrix} \right|^2 = 41$$

$$\therefore \quad (2+3t)^2 + (1-t)^2 + (2-t)^2 = 41 \qquad \cdots\cdots①$$

である。この方程式は $\boxed{2}$ で扱ったものだから, 一気に

$$11t^2 + 6t + 9 = 41 \qquad \cdots\cdots②$$

とし, この 2 次方程式を解けばよい。実際には, ① を書かないで, 直接 ② を書き, その後で 2 次方程式を解く程度で終わらせたい。

次の式を満たす t の値を求めよ。

(1) $\begin{pmatrix} 1+3t \\ -2+t \\ 4-t \end{pmatrix} \cdot \begin{pmatrix} 2 \\ 1 \\ 2 \end{pmatrix} = 0$

(2) $\begin{pmatrix} 3+t \\ 2-2t \\ 1+4t \end{pmatrix} \cdot \begin{pmatrix} 3 \\ 1 \\ -1 \end{pmatrix} = 0$

(3) $\begin{pmatrix} -2+t \\ 1+3t \\ 3-4t \end{pmatrix} \cdot \begin{pmatrix} 1 \\ 2 \\ 1 \end{pmatrix} = 0$

(4) $\begin{pmatrix} 3+t \\ 4-t \\ 5-3t \end{pmatrix} \cdot \begin{pmatrix} 3 \\ 2 \\ -1 \end{pmatrix} = 0$

(5) $\begin{pmatrix} 6-2t \\ 2+t \\ 4-3t \end{pmatrix} \cdot \begin{pmatrix} 1 \\ -2 \\ -3 \end{pmatrix} = 0$

問題 10 − 1 解答

(1) $t = -\dfrac{8}{5}$ (2) $t = \dfrac{10}{3}$ (3) $t = -1$

(4) $t = -3$ (5) $t = 2$

【参考】

(1) $5t + 8 = 0$ より $t = -\dfrac{8}{5}$

(2) $-3t + 10 = 0$ より $t = \dfrac{10}{3}$

(3) $3t + 3 = 0$ より $t = -1$

(4) $4t + 12 = 0$ より $t = -3$

(5) $5t - 10 = 0$ より $t = 2$

制限時間 A：3 分	実施日　　月　　日	得点　　／5
制限時間 B：5 分	実施日　　月　　日	得点　　／5

次の式を満たす t の値を求めよ。

(1) $\begin{pmatrix} 1 \\ 2 \\ 3 \end{pmatrix} \cdot \begin{pmatrix} 3t - 2 \\ t + 4 \\ 2t - 1 \end{pmatrix} = 0$

(2) $\begin{pmatrix} 1 \\ 4 \\ -2 \end{pmatrix} \cdot \begin{pmatrix} t + 2 \\ t + 1 \\ 2t - 1 \end{pmatrix} = 0$

(3) $\begin{pmatrix} 2 \\ 3 \\ -4 \end{pmatrix} \cdot \begin{pmatrix} -2t + 1 \\ t - 2 \\ 3t + 1 \end{pmatrix} = 0$

(4) $\begin{pmatrix} -3 \\ -1 \\ 2 \end{pmatrix} \cdot \begin{pmatrix} 2t + 4 \\ -t + 2 \\ 3t - 3 \end{pmatrix} = 0$

(5) $\begin{pmatrix} 1 \\ -5 \\ 1 \end{pmatrix} \cdot \begin{pmatrix} -t + 2 \\ t + 3 \\ -2t + 6 \end{pmatrix} = 0$

問題 10 − 2 解答

(1) $t = -\dfrac{3}{11}$ (2) $t = -8$ (3) $t = -\dfrac{8}{13}$

(4) $t = 20$ (5) $t = -\dfrac{7}{8}$

【参考】

(1) $11t + 3 = 0$ より $t = -\dfrac{3}{11}$

(2) $t + 8 = 0$ より $t = -8$

(3) $-13t - 8 = 0$ より $t = -\dfrac{8}{13}$

(4) $t - 20 = 0$ より $t = 20$

(5) $-8t - 7 = 0$ より $t = -\dfrac{7}{8}$

次の式を満たす t の値を求めよ。

(1) $\begin{pmatrix} t+2 \\ -2t+1 \\ 2t+3 \end{pmatrix} \cdot \begin{pmatrix} 3 \\ 0 \\ 2 \end{pmatrix} = 4$

(2) $\begin{pmatrix} 2t-1 \\ t+1 \\ t+3 \end{pmatrix} \cdot \begin{pmatrix} 1 \\ 2 \\ 1 \end{pmatrix} = 3$

(3) $\begin{pmatrix} t+3 \\ -t+1 \\ 2t+1 \end{pmatrix} \cdot \begin{pmatrix} 3 \\ 1 \\ -2 \end{pmatrix} = 5$

(4) $\begin{pmatrix} 2t-1 \\ -3t+2 \\ 2t+1 \end{pmatrix} \cdot \begin{pmatrix} 2 \\ -2 \\ 1 \end{pmatrix} = -3$

(5) $\begin{pmatrix} -t+1 \\ -3t-2 \\ -4t-1 \end{pmatrix} \cdot \begin{pmatrix} 3 \\ -2 \\ -1 \end{pmatrix} = 6$

問題 10−3 解答

(1) $t = -\dfrac{8}{7}$ (2) $t = -\dfrac{1}{5}$ (3) $t = \dfrac{3}{2}$

(4) $t = \dfrac{1}{6}$ (5) $t = -\dfrac{2}{7}$

【参考】

(1) $7t + 12 = 4$ より $t = -\dfrac{8}{7}$

(2) $5t + 4 = 3$ より $t = -\dfrac{1}{5}$

(3) $-2t + 8 = 5$ より $t = \dfrac{3}{2}$

(4) $12t - 5 = -3$ より $t = \dfrac{1}{6}$

(5) $7t + 8 = 6$ より $t = -\dfrac{2}{7}$

次の式を満たす t の値を求めよ。

(1)　$(t+2)^2 + (t+5)^2 + (t-1)^2 = 66$

(2)　$(t+1)^2 + (t-3)^2 + (t+2)^2 = 41$

(3)　$(t+2)^2 + (t-2)^2 + (t+4)^2 = 19$

(4)　$(t-3)^2 + (t-1)^2 + (t+2)^2 = 18$

(5)　$(t-4)^2 + (t+1)^2 + (t+2)^2 = 42$

問題 10−4 解答

(1) $t = \boldsymbol{2}, \boldsymbol{-6}$ (2) $t = \boldsymbol{\pm 3}$ (3) $t = \boldsymbol{-1}, -\dfrac{\boldsymbol{5}}{\boldsymbol{3}}$

(4) $t = \boldsymbol{2}, -\dfrac{\boldsymbol{2}}{\boldsymbol{3}}$ (5) $t = \boldsymbol{3}, -\dfrac{\boldsymbol{7}}{\boldsymbol{3}}$

【参考】

(1) $3t^2 + 12t + 30 = 66$ を解いて

$$t = 2, -6$$

(2) $3t^2 + 14 = 41$ を解いて

$$t = \pm 3$$

(3) $3t^2 + 8t + 24 = 19$ を解いて

$$t = -1, -\frac{5}{3}$$

(4) $3t^2 - 4t + 14 = 18$ を解いて

$$t = 2, -\frac{2}{3}$$

(5) $3t^2 - 2t + 21 = 42$ を解いて

$$t = 3, -\frac{7}{3}$$

次の式を満たす t の値を求めよ。

(1) $(2t+1)^2 + (t-2)^2 + (t-1)^2 = 10$

(2) $(t-1)^2 + (3t-2)^2 + (t+2)^2 = 33$

(3) $(t+2)^2 + (t-3)^2 + (2t+1)^2 = 74$

(4) $(t+1)^2 + (2t+1)^2 + (3t+1)^2 = 3$

(5) $(3t-1)^2 + (3t+2)^2 + (t-1)^2 = 21$

問題 10−5 解答

(1) $t = 1, -\dfrac{2}{3}$ (2) $t = 2, -\dfrac{12}{11}$ (3) $t = 3, -\dfrac{10}{3}$

(4) $t = 0, -\dfrac{6}{7}$ (5) $t = -1, \dfrac{15}{19}$

【参考】

(1) $6t^2 - 2t + 6 = 10$　を解いて

$$t = 1, -\dfrac{2}{3}$$

(2) $11t^2 - 10t + 9 = 33$　を解いて

$$t = 2, -\dfrac{12}{11}$$

(3) $6t^2 + 2t + 14 = 74$　を解いて

$$t = 3, -\dfrac{10}{3}$$

(4) $14t^2 + 12t + 3 = 3$　を解いて

$$t = 0, -\dfrac{6}{7}$$

(5) $19t^2 + 4t + 6 = 21$　を解いて

$$t = -1, \dfrac{15}{19}$$

制限時間 A： **3** 分	実施日　　　月　　日	得点　／5
制限時間 B： **5** 分	実施日　　　月　　日	得点　／5

次の式を満たす t を求めよ。

(1) $\left|\begin{pmatrix} 3t+1 \\ t-2 \\ t+1 \end{pmatrix}\right| = \sqrt{21}$

(2) $\left|\begin{pmatrix} t+4 \\ -t+1 \\ t+3 \end{pmatrix}\right| = \sqrt{62}$

(3) $\left|\begin{pmatrix} 2t+3 \\ 3t-2 \\ t \end{pmatrix}\right| = 3\sqrt{3}$

(4) $\left|\begin{pmatrix} t+3 \\ 3t-1 \\ t+2 \end{pmatrix}\right| = 5\sqrt{2}$

(5) $\left|\begin{pmatrix} 2t+1 \\ 2t+3 \\ 3t+5 \end{pmatrix}\right| = 5\sqrt{2}$

問題 10−6 解答

(1) $t = 1, -\dfrac{15}{11}$ (2) $t = 2, -6$ (3) $t = \pm 1$

(4) $t = -2, \dfrac{18}{11}$ (5) $t = -3, \dfrac{5}{17}$

【参考】

(1) $11t^2 + 4t + 6 = 21$ を解いて

$$t = 1, -\frac{15}{11}$$

(2) $3t^2 + 12t + 26 = 62$ を解いて

$$t = 2, -6$$

(3) $14t^2 + 13 = 27$ を解いて

$$t = \pm 1$$

(4) $11t^2 + 4t + 14 = 50$ を解いて

$$t = -2, \frac{18}{11}$$

(5) $17t^2 + 46t + 35 = 50$ を解いて

$$t = -3, \frac{5}{17}$$

次の式を満たす t を求めよ。

(1) $\begin{pmatrix} 2+t \\ 3+5t \\ -1+2t \end{pmatrix} \cdot \begin{pmatrix} 2 \\ 1 \\ -1 \end{pmatrix} = 0$

(2) $(t+1)^2 + (t+2)^2 + (t+3)^2 = 5$

(3) $\left| \begin{pmatrix} t+1 \\ -t+3 \\ 2t-1 \end{pmatrix} \right| = \sqrt{19}$

(4) $\left| t \begin{pmatrix} 1 \\ 3 \\ 2 \end{pmatrix} + \begin{pmatrix} 1 \\ 1 \\ -1 \end{pmatrix} \right| = \sqrt{51}$

(5) $(t-2)^2 + (t-1)^2 + (t+1)^2 + (t+2)^2 = 14$

問題 10−7 解答

(1) $t = -\dfrac{8}{5}$ (2) $t = -1, -3$ (3) $t = 2, -\dfrac{2}{3}$

(4) $t = -2, \dfrac{12}{7}$ (5) $t = \pm 1$

【参考】

(1) $5t + 8 = 0$ を解いて

$$t = -\frac{8}{5}$$

(2) $3t^2 + 12t + 14 = 5$ を解いて

$$t = -1, -3$$

(3) $6t^2 - 8t + 11 = 19$ を解いて

$$t = 2, -\frac{2}{3}$$

(4) $14t^2 + 4t + 3 = 51$ を解いて

$$t = -2, \frac{12}{7}$$

(5) $4t^2 + 10 = 14$ を解いて

$$t = \pm 1$$

第11回 定積分の計算

Standard Stage

目標 高校数学の計算の中でも定積分の計算は符号ミスなどが多い分野である。また, 分数の計算を強いられることも多いためしばしば分量の多い計算になる。ここでは, その定積分の計算に慣れ, ミスなく短時間でできるようになることを目指す。

革命計算法
Revolutionary Technique

例えば, 定積分 $\displaystyle\int_1^4 (x^2 + 3x)\,dx$ の計算を考えよう。多くの場合は, 次のような計算方法をまず習う。

1 微分すると $x^2 + 3x$ になる関数を一つ探す。このような関数として $\dfrac{1}{3}x^3 + \dfrac{3}{2}x^2$ を見つけ, これを大括弧の中に入れ次のようにする。

$$\int_1^4 (x^2 + 3x)\,dx = \left[\ \frac{1}{3}x^3 + \frac{3}{2}x^2\ \right]_1^4$$

2 [ ] 内の関数に $x = 4$ を代入した値から $x = 1$ を代入した値を引く。

$$\int_1^4 (x^2 + 3x)\,dx = \left[\ \frac{1}{3}x^3 + \frac{3}{2}x^2\ \right]_1^4$$
$$= \left(\frac{1}{3}\cdot 4^3 + \frac{3}{2}\cdot 4^2\right) - \left(\frac{1}{3}\cdot 1^3 + \frac{3}{2}\cdot 1^2\right)$$

3 この後は, 計算を進め次のようになる。

$$\int_1^4 (x^2 + 3x)\,dx = \left[\ \frac{1}{3}x^3 + \frac{3}{2}x^2\ \right]_1^4$$
$$= \left(\frac{1}{3}\cdot 4^3 + \frac{3}{2}\cdot 4^2\right) - \left(\frac{1}{3}\cdot 1^3 + \frac{3}{2}\cdot 1^2\right)$$
$$= \frac{136}{3} - \frac{11}{6}$$
$$= \frac{261}{6}$$
$$= \frac{87}{2}$$

173

定積分の計算は最初はこのように習うだろうが，これでは場合によっては「通分」を複数回行うことになることもあり，手間がかかるので次のような方法で計算するとよい。

| 改良した定積分の計算 |

$\boxed{1}$ 微分すると $x^2 + 3x$ になる関数を一つ選び，大括弧の中に入れ次のように書く（ここまでは先ほどの $\boxed{1}$ と同じ）。

$$\int_1^4 (x^2 + 3x)\, dx = \left[\,\frac{1}{3}x^3 + \frac{3}{2}x^2\,\right]_1^4$$

$\boxed{2}$ $\left[\,\dfrac{1}{3}x^3 + \dfrac{3}{2}x^2\,\right]_1^4$ を

$$\left[\,\frac{1}{3}x^3 + \frac{3}{2}x^2\,\right]_1^4 = \left[\,\frac{1}{3}x^3\,\right]_1^4 + \left[\,\frac{3}{2}x^2\,\right]_1^4$$

と見て計算する。つまり，

　　　　「全部に $x = 4$ を代入してから，全部に $x = 1$ を代入して引く」

のではなく，

　　　　「項ごとに $x = 4$ を代入した値から $x = 1$ を代入した値を引き，その和を求める」

とする。この結果，次のようになる。

$$\int_1^4 (x^2 + 3x)\, dx = \left[\,\frac{1}{3}x^3 + \frac{3}{2}x^2\,\right]_1^4$$
$$= \frac{1}{3}(4^3 - 1^3) + \frac{3}{2}(4^2 - 1^2)$$
$$= \frac{1}{3} \cdot 63 + \frac{3}{2} \cdot 15$$
$$= \frac{87}{2}$$

このように，項ごとに計算を完了した方が，通分の計算も 1 回だけでよく，その結果早く計算が終わる。

今回の計算は次のように，各問題につき 4, 5 行で終わるように手早く行うようにせよ。

$$\int_1^4 (2x^2 - 4x - 3)\,dx = \left[\frac{2}{3}x^3 - 2x^2 - 3x\right]_1^4$$

$$= \frac{2}{3}(4^3 - 1^3) - 2(4^2 - 1^2) - 3(4 - 1)$$ $\left(\begin{array}{l}\leftarrow できれば,この計算は\\ 頭の中でする。\end{array}\right)$

$$= \frac{2}{3} \cdot 63 - 2 \cdot 15 - 3 \cdot 3$$

$$= 42 - 30 - 9$$ $\left(\begin{array}{l}\leftarrow できれば,この計算も\\ 頭の中でする。\end{array}\right)$

$$= 3$$

次の定積分の値を求めよ。

(1) $\displaystyle\int_{-1}^{3} (x^2 - 5x)\,dx$

(2) $\displaystyle\int_{2}^{5} (x^2 + 3x + 1)\,dx$

(3) $\displaystyle\int_{1}^{4} (x^2 - 4x)\,dx$

(4) $\displaystyle\int_{2}^{6} (x^2 + 2x)\,dx$

(5) $\displaystyle\int_{-3}^{-1} (x^2 - x + 2)\,dx$

問題 11−1 解答

(1) $-\dfrac{32}{3}$ (2) $\dfrac{147}{2}$ (3) -9 (4) $\dfrac{304}{3}$ (5) $\dfrac{50}{3}$

【参考】

(1) $\displaystyle\int_{-1}^{3} (x^2 - 5x)\,dx = \left[\dfrac{1}{3}x^3 - \dfrac{5}{2}x^2\right]_{-1}^{3} = \dfrac{1}{3}\cdot 28 - \dfrac{5}{2}\cdot 8$

$\qquad\qquad = -\dfrac{32}{3}$

(2) $\displaystyle\int_{2}^{5} (x^2 + 3x + 1)\,dx = \left[\dfrac{1}{3}x^3 + \dfrac{3}{2}x^2 + x\right]_{2}^{5} = \dfrac{1}{3}\cdot 117 + \dfrac{3}{2}\cdot 21 + 3$

$\qquad\qquad\qquad = 42 + \dfrac{63}{2}$

$\qquad\qquad\qquad = \dfrac{147}{2}$

(3) $\displaystyle\int_{1}^{4} (x^2 - 4x)\,dx = \left[\dfrac{1}{3}x^3 - 2x^2\right]_{1}^{4} = \dfrac{1}{3}\cdot 63 - 2\cdot 15$

$\qquad\qquad = -9$

(4) $\displaystyle\int_{2}^{6} (x^2 + 2x)\,dx = \left[\dfrac{1}{3}x^3 + x^2\right]_{2}^{6} = \dfrac{1}{3}\cdot 208 + 32$

$\qquad\qquad = \dfrac{304}{3}$

(5) $\displaystyle\int_{-3}^{-1} (x^2 - x + 2)\,dx = \left[\dfrac{1}{3}x^3 - \dfrac{1}{2}x^2 + 2x\right]_{-3}^{-1} = \dfrac{1}{3}\cdot 26 - \dfrac{1}{2}(-8) + 2\cdot 2$

$\qquad\qquad\qquad = \dfrac{50}{3}$

次の定積分の値を求めよ。

(1) $\displaystyle\int_{-2}^{3} (x^2 + 4x - 1)\, dx$

(2) $\displaystyle\int_{-1}^{2} (3x^2 - 5x + 3)\, dx$

(3) $\displaystyle\int_{-1}^{3} (2x^2 - 4x + 5)\, dx$

(4) $\displaystyle\int_{-2}^{1} \left(2x^2 - \frac{2}{3}x + 4\right) dx$

(5) $\displaystyle\int_{-2}^{4} \left(x^2 - \frac{1}{6}x + 1\right) dx$

問題 11−2 解答

(1) $\dfrac{50}{3}$ (2) $\dfrac{21}{2}$ (3) $\dfrac{68}{3}$ (4) **19** (5) **29**

【参考】

(1) $\displaystyle\int_{-2}^{3} (x^2 + 4x - 1)\, dx = \left[\, \dfrac{1}{3}x^3 + 2x^2 - x \,\right]_{-2}^{3} = \dfrac{1}{3}\cdot 35 + 2\cdot 5 - 5$

$\qquad\qquad\qquad\qquad\qquad = \dfrac{50}{3}$

(2) $\displaystyle\int_{-1}^{2} (3x^2 - 5x + 3)\, dx = \left[\, x^3 - \dfrac{5}{2}x^2 + 3x \,\right]_{-1}^{2} = 9 - \dfrac{5}{2}\cdot 3 + 9$

$\qquad\qquad\qquad\qquad\qquad = \dfrac{21}{2}$

(3) $\displaystyle\int_{-1}^{3} (2x^2 - 4x + 5)\, dx = \left[\, \dfrac{2}{3}x^3 - 2x^2 + 5x \,\right]_{-1}^{3} = \dfrac{2}{3}\cdot 28 - 2\cdot 8 + 20$

$\qquad\qquad\qquad\qquad\qquad = \dfrac{68}{3}$

(4) $\displaystyle\int_{-2}^{1} \left(2x^2 - \dfrac{2}{3}x + 4\right) dx = \left[\, \dfrac{2}{3}x^3 - \dfrac{1}{3}x^2 + 4x \,\right]_{-2}^{1}$

$\qquad\qquad\qquad\qquad\qquad = \dfrac{2}{3}\cdot 9 - \dfrac{1}{3}(-3) + 12$

$\qquad\qquad\qquad\qquad\qquad = 19$

(5) $\displaystyle\int_{-2}^{4} \left(x^2 - \dfrac{1}{6}x + 1\right) dx = \left[\, \dfrac{1}{3}x^3 - \dfrac{1}{12}x^2 + x \,\right]_{-2}^{4}$

$\qquad\qquad\qquad\qquad\qquad = \dfrac{1}{3}\cdot 72 - \dfrac{1}{12}\cdot 12 + 6$

$\qquad\qquad\qquad\qquad\qquad = 29$

制限時間 A：**6** 分	実施日　　　月　　日	得点　　／5
制限時間 B：**9** 分	実施日　　　月　　日	得点　　／5

次の定積分の値を求めよ。

(1) $\displaystyle\int_{1}^{5}(2x^2-6x+3)\,dx$

(2) $\displaystyle\int_{-1}^{3}(x^2-7x+3)\,dx$

(3) $\displaystyle\int_{-1}^{2}\left(\frac{1}{2}x^2+\frac{1}{3}x-4\right)dx$

(4) $\displaystyle\int_{-3}^{-1}\left(\frac{1}{3}x^2-\frac{2}{3}x+3\right)dx$

(5) $\displaystyle\int_{3}^{4}\left(\frac{1}{2}x^2-2x-1\right)dx$

問題 11－3 解答

(1) $\dfrac{68}{3}$　(2) $-\dfrac{20}{3}$　(3) -10　(4) $\dfrac{104}{9}$　(5) $-\dfrac{11}{6}$

【参考】

(1) $\displaystyle\int_{1}^{5}(2x^2-6x+3)\,dx=\left[\dfrac{2}{3}x^3-3x^2+3x\right]_{1}^{5}=\dfrac{2}{3}\cdot124-3\cdot24+3\cdot4$

$\qquad\qquad\qquad\qquad\qquad=\dfrac{248}{3}-60$

$\qquad\qquad\qquad\qquad\qquad=\dfrac{68}{3}$

(2) $\displaystyle\int_{-1}^{3}(x^2-7x+3)\,dx=\left[\dfrac{1}{3}x^3-\dfrac{7}{2}x^2+3x\right]_{-1}^{3}=\dfrac{1}{3}\cdot28-\dfrac{7}{2}\cdot8+3\cdot4$

$\qquad\qquad\qquad\qquad\qquad=\dfrac{28}{3}-16$

$\qquad\qquad\qquad\qquad\qquad=-\dfrac{20}{3}$

(3) $\displaystyle\int_{-1}^{2}\left(\dfrac{1}{2}x^2+\dfrac{1}{3}x-4\right)dx=\left[\dfrac{1}{6}x^3+\dfrac{1}{6}x^2-4x\right]_{-1}^{2}$

$\qquad\qquad\qquad\qquad\qquad=\dfrac{1}{6}\cdot9+\dfrac{1}{6}\cdot3-4\cdot3$

$\qquad\qquad\qquad\qquad\qquad=-10$

(4) $\displaystyle\int_{-3}^{-1}\left(\dfrac{1}{3}x^2-\dfrac{2}{3}x+3\right)dx=\left[\dfrac{1}{9}x^3-\dfrac{1}{3}x^2+3x\right]_{-3}^{-1}$

$\qquad\qquad\qquad\qquad\qquad=\dfrac{1}{9}\cdot26-\dfrac{1}{3}(-8)+6$

$\qquad\qquad\qquad\qquad\qquad=\dfrac{50}{9}+6$

$\qquad\qquad\qquad\qquad\qquad=\dfrac{104}{9}$

(5) $\displaystyle\int_{3}^{4}\left(\dfrac{1}{2}x^2-2x-1\right)dx=\left[\dfrac{1}{6}x^3-x^2-x\right]_{3}^{4}=\dfrac{1}{6}\cdot37-7-1$

$\qquad\qquad\qquad\qquad\qquad=-\dfrac{11}{6}$

制限時間 A：**6** 分	実施日	月　日	得点	／5
制限時間 B：**9** 分	実施日	月　日	得点	／5

次の定積分の値を求めよ。

(1) $\displaystyle \int_{-2}^{3} \left(\frac{1}{5}x^2 - \frac{2}{3}x + \frac{1}{2} \right) dx$

(2) $\displaystyle \int_{-3}^{1} \left(\frac{1}{4}x^2 - \frac{5}{6}x + 2 \right) dx$

(3) $\displaystyle \int_{1}^{\sqrt{2}} (x^2 - 4x + 1)\, dx$

(4) $\displaystyle \int_{\frac{1}{\sqrt{2}}}^{2\sqrt{2}} (x^2 - 3x + 3)\, dx$

(5) $\displaystyle \int_{-1}^{\sqrt{2}} (x^2 + 4x + 3)\, dx$

問題 11-4 解答

(1) $\dfrac{19}{6}$ (2) $\dfrac{41}{3}$ (3) $\dfrac{5}{3}\sqrt{2} - \dfrac{10}{3}$ (4) $\dfrac{39}{4}\sqrt{2} - \dfrac{45}{4}$

(5) $\dfrac{11}{3}\sqrt{2} + \dfrac{16}{3}$

【参考】

(1)
$$\int_{-2}^{3} \left(\frac{1}{5}x^2 - \frac{2}{3}x + \frac{1}{2} \right) dx = \left[\frac{1}{15}x^3 - \frac{1}{3}x^2 + \frac{1}{2}x \right]_{-2}^{3}$$
$$= \frac{1}{15} \cdot 35 - \frac{1}{3} \cdot 5 + \frac{1}{2} \cdot 5$$
$$= \frac{2}{3} + \frac{5}{2} = \frac{19}{6}$$

(2)
$$\int_{-3}^{1} \left(\frac{1}{4}x^2 - \frac{5}{6}x + 2 \right) dx = \left[\frac{1}{12}x^3 - \frac{5}{12}x^2 + 2x \right]_{-3}^{1}$$
$$= \frac{1}{12} \cdot 28 - \frac{5}{12}(-8) + 2 \cdot 4$$
$$= \frac{68}{12} + 8 = \frac{41}{3}$$

(3)
$$\int_{1}^{\sqrt{2}} (x^2 - 4x + 1)\, dx = \left[\frac{1}{3}x^3 - 2x^2 + x \right]_{1}^{\sqrt{2}} = \frac{1}{3}(2\sqrt{2} - 1) - 2 + (\sqrt{2} - 1)$$
$$= \frac{5}{3}\sqrt{2} - \frac{10}{3}$$

(4)
$$\int_{\frac{1}{\sqrt{2}}}^{2\sqrt{2}} (x^2 - 3x + 3)\, dx = \left[\frac{1}{3}x^3 - \frac{3}{2}x^2 + 3x \right]_{\frac{1}{\sqrt{2}}}^{2\sqrt{2}}$$
$$= \frac{1}{3}\left(16\sqrt{2} - \frac{1}{2\sqrt{2}} \right) - \frac{3}{2}\left(8 - \frac{1}{2} \right) + 3\left(2\sqrt{2} - \frac{1}{\sqrt{2}} \right)$$
$$= \frac{63}{12}\sqrt{2} - \frac{45}{4} + \frac{9}{2}\sqrt{2}$$
$$= \frac{39}{4}\sqrt{2} - \frac{45}{4}$$

(5)
$$\int_{-1}^{\sqrt{2}} (x^2 + 4x + 3)\, dx = \left[\frac{1}{3}x^3 + 2x^2 + 3x \right]_{-1}^{\sqrt{2}}$$
$$= \frac{1}{3}(2\sqrt{2} + 1) + 2 + 3(\sqrt{2} + 1)$$
$$= \frac{11}{3}\sqrt{2} + \frac{16}{3}$$

制限時間 A： **6** 分	実施日　　　月　　日	得点	／5
制限時間 B： **9** 分	実施日　　　月　　日	得点	／5

次の定積分の値を求めよ。

(1) $\displaystyle\int_{1}^{4}(x^2 - 5x + 3)\,dx$

(2) $\displaystyle\int_{-\sqrt{2}}^{2}(6x^2 - 4x + 3)\,dx$

(3) $\displaystyle\int_{-1}^{\sqrt{3}}(x^2 - 8x + 3)\,dx$

(4) $\displaystyle\int_{1}^{3}(x^3 - 5x^2 + 4x - 2)\,dx$

(5) $\displaystyle\int_{2}^{5}(2x^3 - 6x^2 + 2x - 1)\,dx$

問題 11-5 解答

(1) $-\dfrac{15}{2}$ (2) $18+7\sqrt{2}$ (3) $4\sqrt{3}-\dfrac{14}{3}$ (4) $-\dfrac{34}{3}$ (5) $\dfrac{177}{2}$

【参考】

(1)
$$\int_1^4 (x^2 - 5x + 3)\,dx = \left[\frac{1}{3}x^3 - \frac{5}{2}x^2 + 3x\right]_1^4 = \frac{1}{3}\cdot 63 - \frac{5}{2}\cdot 15 + 9$$
$$= -\frac{15}{2}$$

(2)
$$\int_{-\sqrt{2}}^2 (6x^2 - 4x + 3)\,dx = \left[2x^3 - 2x^2 + 3x\right]_{-\sqrt{2}}^2$$
$$= 2(8 + 2\sqrt{2}) - 2\cdot 2 + 3(2 + \sqrt{2})$$
$$= 18 + 7\sqrt{2}$$

(3)
$$\int_{-1}^{\sqrt{3}} (x^2 - 8x + 3)\,dx = \left[\frac{1}{3}x^3 - 4x^2 + 3x\right]_{-1}^{\sqrt{3}}$$
$$= \frac{1}{3}(3\sqrt{3} + 1) - 4\cdot 2 + 3(\sqrt{3} + 1)$$
$$= 4\sqrt{3} - \frac{14}{3}$$

(4)
$$\int_1^3 (x^3 - 5x^2 + 4x - 2)\,dx = \left[\frac{1}{4}x^4 - \frac{5}{3}x^3 + 2x^2 - 2x\right]_1^3$$
$$= \frac{1}{4}\cdot 80 - \frac{5}{3}\cdot 26 + 2\cdot 8 - 2\cdot 2$$
$$= 32 - \frac{130}{3} = -\frac{34}{3}$$

(5)
$$\int_2^5 (2x^3 - 6x^2 + 2x - 1)\,dx = \left[\frac{1}{2}x^4 - 2x^3 + x^2 - x\right]_2^5$$
$$= \frac{1}{2}\cdot 609 - 234 + 21 - 3$$
$$= \frac{177}{2}$$

制限時間 A： 6 分	実施日 　　　　月　　　日	得点 ／5
制限時間 B： 9 分	実施日 　　　　月　　　日	得点 ／5

次の定積分の値を求めよ。

(1) $\displaystyle\int_{-2}^{2\sqrt{3}} (x^2 + 4x + 2)\,dx$

(2) $\displaystyle\int_{-1}^{2} (4x^3 - 4x^2 + 3x + 1)\,dx$

(3) $\displaystyle\int_{-3}^{1} (2x^3 - 3x^2 + 4x - 5)\,dx$

(4) $\displaystyle\int_{\frac{1}{2}}^{2} (x^2 - 2x + 3)\,dx$

(5) $\displaystyle\int_{1}^{\frac{5}{3}} (x^2 - 6x - 2)\,dx$

問題 11−6 解答

(1) $12\sqrt{3} + \dfrac{68}{3}$ (2) $\dfrac{21}{2}$ (3) -104 (4) $\dfrac{27}{8}$ (5) $-\dfrac{442}{81}$

【参考】

(1) $\displaystyle\int_{-2}^{2\sqrt{3}} (x^2 + 4x + 2)\, dx = \left[\dfrac{1}{3}x^3 + 2x^2 + 2x\right]_{-2}^{2\sqrt{3}}$

$\qquad\qquad\qquad\qquad = \dfrac{1}{3}(24\sqrt{3} + 8) + 2\cdot 8 + 2(2\sqrt{3} + 2)$

$\qquad\qquad\qquad\qquad = 12\sqrt{3} + \dfrac{68}{3}$

(2) $\displaystyle\int_{-1}^{2} (4x^3 - 4x^2 + 3x + 1)\, dx = \left[x^4 - \dfrac{4}{3}x^3 + \dfrac{3}{2}x^2 + x\right]_{-1}^{2}$

$\qquad\qquad\qquad\qquad\qquad = 15 - \dfrac{4}{3}\cdot 9 + \dfrac{3}{2}\cdot 3 + 3$

$\qquad\qquad\qquad\qquad\qquad = \dfrac{21}{2}$

(3) $\displaystyle\int_{-3}^{1} (2x^3 - 3x^2 + 4x - 5)\, dx = \left[\dfrac{1}{2}x^4 - x^3 + 2x^2 - 5x\right]_{-3}^{1}$

$\qquad\qquad\qquad\qquad\qquad = \dfrac{1}{2}(-80) - 28 + 2(-8) - 5\cdot 4$

$\qquad\qquad\qquad\qquad\qquad = -104$

(4) $\displaystyle\int_{\frac{1}{2}}^{2} (x^2 - 2x + 3)\, dx = \left[\dfrac{1}{3}x^3 - x^2 + 3x\right]_{\frac{1}{2}}^{2} = \dfrac{1}{3}\cdot\dfrac{63}{8} - \dfrac{15}{4} + 3\cdot\dfrac{3}{2}$

$\qquad\qquad\qquad\qquad = \dfrac{21}{8} - \dfrac{15}{4} + \dfrac{9}{2}$

$\qquad\qquad\qquad\qquad = \dfrac{27}{8}$

(5) $\displaystyle\int_{1}^{\frac{5}{3}} (x^2 - 6x - 2)\, dx = \left[\dfrac{1}{3}x^3 - 3x^2 - 2x\right]_{1}^{\frac{5}{3}}$

$\qquad\qquad\qquad\qquad = \dfrac{1}{3}\cdot\dfrac{98}{27} - \dfrac{16}{3} - \dfrac{4}{3}$

$\qquad\qquad\qquad\qquad = -\dfrac{442}{81}$

	1	2	3	4	5	6	7

制限時間 A : **6** 分	実施日	月　　日	得点	／5
制限時間 B : **9** 分	実施日	月　　日	得点	／5

次の定積分の値を求めよ。

(1) $\displaystyle \int_{-2}^{1} (x^3 - 4x^2 + 7x - 2)\, dx$

(2) $\displaystyle \int_{1}^{3} (2x^3 - 6x^2 + 10x + 3)\, dx$

(3) $\displaystyle \int_{\frac{3}{2}}^{\frac{5}{2}} (x^2 - 3x - 2)\, dx$

(4) $\displaystyle \int_{-\frac{1}{3}}^{\frac{2}{3}} (9x^2 - 6x + 3)\, dx$

(5) $\displaystyle \int_{-\frac{1}{4}}^{\frac{3}{4}} (8x^2 - 12x + 5)\, dx$

問題 11-7 解答

(1) $-\dfrac{129}{4}$ (2) 34 (3) $-\dfrac{47}{12}$ (4) 3 (5) $\dfrac{19}{6}$

【参考】

(1) $\displaystyle\int_{-2}^{1} (x^3 - 4x^2 + 7x - 2)\,dx = \left[\dfrac{1}{4}x^4 - \dfrac{4}{3}x^3 + \dfrac{7}{2}x^2 - 2x \right]_{-2}^{1}$

$$= \dfrac{1}{4}(-15) - \dfrac{4}{3}\cdot 9 + \dfrac{7}{2}(-3) - 2\cdot 3$$

$$= -\dfrac{129}{4}$$

(2) $\displaystyle\int_{1}^{3} (2x^3 - 6x^2 + 10x + 3)\,dx = \left[\dfrac{1}{2}x^4 - 2x^3 + 5x^2 + 3x \right]_{1}^{3}$

$$= 40 - 2\cdot 26 + 5\cdot 8 + 3\cdot 2$$

$$= 34$$

(3) $\displaystyle\int_{\frac{3}{2}}^{\frac{5}{2}} (x^2 - 3x - 2)\,dx = \left[\dfrac{1}{3}x^3 - \dfrac{3}{2}x^2 - 2x \right]_{\frac{3}{2}}^{\frac{5}{2}} = \dfrac{1}{3}\cdot\dfrac{98}{8} - \dfrac{3}{2}\cdot 4 - 2$

$$= \dfrac{49}{12} - 8$$

$$= -\dfrac{47}{12}$$

(4) $\displaystyle\int_{-\frac{1}{3}}^{\frac{2}{3}} (9x^2 - 6x + 3)\,dx = \left[3x^3 - 3x^2 + 3x \right]_{-\frac{1}{3}}^{\frac{2}{3}}$

$$= 3\cdot\dfrac{9}{27} - 3\cdot\dfrac{3}{9} + 3$$

$$= 3$$

(5) $\displaystyle\int_{-\frac{1}{4}}^{\frac{3}{4}} (8x^2 - 12x + 5)\,dx = \left[\dfrac{8}{3}x^3 - 6x^2 + 5x \right]_{-\frac{1}{4}}^{\frac{3}{4}}$

$$= \dfrac{8}{3}\cdot\dfrac{28}{64} - 6\cdot\dfrac{8}{16} + 5$$

$$= \dfrac{19}{6}$$

数列の和

目標 等差数列, 等比数列, 部分分数分解を用いて計算できる数列の和について慣れ, スムーズに計算ができるようになる。

革命計算法
Revolutionary Technique

1 等差数列の和

数列 $\{a_n\}$ が等差数列のとき,

$$a_1 + a_2 + a_3 + \cdots + a_n = \frac{n}{2}(a_1 + a_n)$$

である。例えば, 次の等差数列の和

$$1 + 5 + 9 + 13 + \cdots\cdots + 37 + 41$$

については, 初項 1, 末項 41, 項数 11 の等差数列なので和は,

$$\frac{11}{2}(1 + 41) = 231$$

である。また, $\displaystyle\sum_{k=1}^{10}(3k + 5)$ のように 1 次式 $3k + 5$ の和は等差数列の和であるから,

$$\sum_{k=1}^{10}(3k + 5) = \frac{10}{2}\{8 + (3 \cdot 10 + 5)\}$$
$$= 215$$

のように等差数列の和として求める方がよい。

また, 等差数列ではないがこの章の後半では,

$$\sum_{k=1}^{n} k^2 = \frac{1}{6}n(n + 1)(2n + 1)$$
$$\sum_{k=1}^{n} k^3 = \frac{1}{4}n^2(n + 1)^2$$

を用いる問題が含まれている。

2 等比数列の和

初項 a, 公比 $r \neq 1$ の等比数列 $\{a_n\}$ の初項から第 n 項までの和は,

$$\sum_{k=1}^{n} ar^{k-1} = \frac{a(r^n-1)}{r-1} = \frac{a(1-r^n)}{1-r}$$

である。$r < 1$ のときは,

$$\sum_{k=1}^{n} ar^{k-1} = \frac{a(1-r^n)}{1-r}$$

$r > 1$ のときは,

$$\sum_{k=1}^{n} ar^{k-1} = \frac{a(r^n-1)}{r-1}$$

を用いると分母が負にならないので便利である。

また, 数列の和を求める場合は, $\dfrac{2^k}{3^k}$ のように分母と分子に k 乗のある形よりは, $\left(\dfrac{2}{3}\right)^k$ のように一つの実数の k 乗の形に変形しておく方が和を求めるには都合がよい。さらに, $2^k 3^k$, $2^k 3^{n-k}$ のような場合は公比を間違えないように注意が必要である。k を複数箇所に散らした状態ではなく, できれば 1 箇所にまとめて計算する方がよい。

例1

(1) $\displaystyle\sum_{k=1}^{n} \frac{3^k+1}{4^k} = \sum_{k=1}^{n}\left\{\left(\frac{3}{4}\right)^k + \left(\frac{1}{4}\right)^k\right\}$ $\left(\leftarrow \dfrac{3^k}{4^k} \text{ を } \left(\dfrac{3}{4}\right)^k \text{ にする}\right)$

$\qquad = \dfrac{3}{4} \cdot \dfrac{1-\left(\dfrac{3}{4}\right)^n}{1-\dfrac{3}{4}} + \dfrac{1}{4} \cdot \dfrac{1-\left(\dfrac{1}{4}\right)^n}{1-\dfrac{1}{4}}$

$\qquad = 3\left\{1-\left(\dfrac{3}{4}\right)^n\right\} + \dfrac{1}{3}\left\{1-\left(\dfrac{1}{4}\right)^n\right\}$

$\qquad = \dfrac{10}{3} - 3\left(\dfrac{3}{4}\right)^n - \dfrac{1}{3}\left(\dfrac{1}{4}\right)^n$

(2) $\displaystyle\sum_{k=1}^{n}\left(\frac{1}{3}\right)^k\left(\frac{2}{5}\right)^{k-1} = \sum_{k=1}^{n} \frac{1}{3}\left(\frac{2}{15}\right)^{k-1}$ $\left(\leftarrow \begin{array}{l}\text{このようにまとめること}\\\text{が大切}\end{array}\right)$

$\qquad\qquad = \dfrac{1}{3} \cdot \dfrac{1-\left(\dfrac{2}{15}\right)^n}{1-\dfrac{2}{15}}$

$\qquad\qquad = \dfrac{5}{13}\left\{1-\left(\dfrac{2}{15}\right)^n\right\}$

例えば,

$$\frac{1}{n(n+1)} = \frac{1}{n} - \frac{1}{n+1}$$

$$\frac{1}{(2n-1)(2n+1)} = \frac{1}{2}\left(\frac{1}{2n-1} - \frac{1}{2n+1}\right)$$

のように分母が「1 次式に因数分解できる 2 次式」である分数を分母が 1 次式の分数式の差の形に変形して数列の和を求める練習を行う。次の公式は基本的なものである。

$a \neq b$ のとき,

$$\frac{1}{(x+a)(x+b)} = \frac{1}{b-a}\left(\frac{1}{x+a} - \frac{1}{x+b}\right)$$

また, $\dfrac{1}{(2k-1)(2k+1)}$ のような式を部分分数分解する場合は, $\dfrac{1}{2k-1} - \dfrac{1}{2k+1}$ の方から先に計算をするとよい。

$$\frac{1}{2k-1} - \frac{1}{2k+1} = \frac{(2k+1)-(2k-1)}{(2k-1)(2k+1)}$$

$$= \frac{2}{(2k-1)(2k+1)}$$

となるから,両辺を 2 で割って,

$$\frac{1}{(2k-1)(2k+1)} = \frac{1}{2}\left(\frac{1}{2k-1} - \frac{1}{2k+1}\right)$$

を得る。

例2

(1) $\displaystyle\sum_{k=1}^{n} \frac{1}{k(k+1)} = \sum_{k=1}^{n}\left(\frac{1}{k} - \frac{1}{k+1}\right)$

$$= \left(\frac{1}{1} - \frac{1}{2}\right) + \left(\frac{1}{2} - \frac{1}{3}\right) + \left(\frac{1}{3} - \frac{1}{4}\right) + \cdots$$

$$+ \left(\frac{1}{n} - \frac{1}{n+1}\right)$$

$$= 1 - \frac{1}{n+1}$$

$$= \frac{n}{n+1}$$

(2) $\displaystyle\sum_{k=1}^{n} \frac{1}{(2k+1)(2k+3)} = \sum_{k=1}^{n} \frac{1}{2}\left(\frac{1}{2k+1} - \frac{1}{2k+3}\right)$

$\qquad\qquad = \frac{1}{2}\left\{\left(\frac{1}{3} - \frac{1}{5}\right) + \left(\frac{1}{5} - \frac{1}{7}\right) + \cdots \right.$

$\qquad\qquad\quad \left. + \left(\frac{1}{2n+1} - \frac{1}{2n+3}\right)\right\}$

$\qquad\qquad = \frac{n}{3(2n+3)}$

のようになる。

次の数列の和を求めよ。

(1)　$1 + 2 + 3 + 4 + \cdots\cdots + 199 + 200$

(2)　$1 + 3 + 5 + 7 + \cdots\cdots + 197 + 199$

(3)　$1 + 2 + 2^2 + 2^3 + 2^4 + 2^5 + 2^6 + 2^7$

(4)　$3^2 + 3 + 1 + \dfrac{1}{3} + \dfrac{1}{3^2} + \dfrac{1}{3^3} + \dfrac{1}{3^4} + \dfrac{1}{3^5}$

(5)　$\dfrac{1}{1 \cdot 3} + \dfrac{1}{3 \cdot 5} + \dfrac{1}{5 \cdot 7} + \cdots\cdots + \dfrac{1}{99 \cdot 101}$

問題 12−1 解答

(1) **20100**　(2) **10000**　(3) **255**　(4) $\dfrac{3280}{243}$　(5) $\dfrac{50}{101}$

【参考】

(1) $(\text{与式}) = \dfrac{1}{2} \cdot 200(1 + 200) = 20100$

(2) $(\text{与式}) = \dfrac{1}{2} \cdot 100(1 + 199) = 10000$

(3) $(\text{与式}) = \dfrac{1 \cdot (2^8 - 1)}{2 - 1} = 255$

(4) $(\text{与式}) = \dfrac{3^2 \left\{ 1 - \left(\dfrac{1}{3} \right)^8 \right\}}{1 - \dfrac{1}{3}} = \dfrac{3^3}{2} \left(1 - \dfrac{1}{3^8} \right) = \dfrac{3^8 - 1}{2 \cdot 3^5} = \dfrac{3280}{243}$

(5) (与式)

$= \dfrac{1}{2} \left\{ \left(\dfrac{1}{1} - \dfrac{1}{3} \right) + \left(\dfrac{1}{3} - \dfrac{1}{5} \right) + \left(\dfrac{1}{5} - \dfrac{1}{7} \right) + \cdots\cdots \left(\dfrac{1}{99} - \dfrac{1}{101} \right) \right\}$

$= \dfrac{1}{2} \left(1 - \dfrac{1}{101} \right) = \dfrac{50}{101}$

次の数列の和を求めよ。

(1) $1 + 4 + 7 + 10 + \cdots\cdots + 997 + 1000$

(2) $2 + 5 + 8 + 11 + \cdots\cdots + 998 + 1001$

(3) $1 + \sqrt{5} + 5 + 5\sqrt{5} + \cdots\cdots + 5^3\sqrt{5} + 5^4$

(4) $4 + 2\sqrt{2} + 2 + \sqrt{2} + 1 + \dfrac{1}{\sqrt{2}}$

(5) $\dfrac{1}{1\cdot4} + \dfrac{1}{4\cdot7} + \dfrac{1}{7\cdot10} + \dfrac{1}{10\cdot13} + \cdots\cdots + \dfrac{1}{94\cdot97} + \dfrac{1}{97\cdot100}$

問題 12−2 解答

(1) **167167**   (2) **167501**   (3) $781 + 156\sqrt{5}$ (4) $7 + \dfrac{7}{2}\sqrt{2}$

(5) $\dfrac{33}{100}$

【参考】

(1) （与式）$= \dfrac{1}{2} \cdot 334 \cdot (1 + 1000) = 167167$

(2) （与式）$= \dfrac{1}{2} \cdot 334 \cdot (2 + 1001) = 167501$

［注］

(1) で求めた和に項数である 334 を加えても求める和は得られる。すなわち，
167167 + 334 = 167501 のように求めることもできる。

(3) （与式）$= \dfrac{1\{(\sqrt{5})^9 - 1\}}{\sqrt{5} - 1} = \dfrac{625\sqrt{5} - 1}{\sqrt{5} - 1}$

$\qquad\qquad = \dfrac{1}{4}(625\sqrt{5} - 1)(\sqrt{5} + 1)$

$\qquad\qquad = 781 + 156\sqrt{5}$

(4) （与式）$= \dfrac{4\left\{1 - \left(\dfrac{1}{\sqrt{2}}\right)^6\right\}}{1 - \dfrac{1}{\sqrt{2}}} = \dfrac{4\sqrt{2} \cdot \dfrac{7}{8}}{\sqrt{2} - 1}$

$\qquad\qquad = \dfrac{7}{2}\sqrt{2}(\sqrt{2} + 1)$

$\qquad\qquad = 7 + \dfrac{7}{2}\sqrt{2}$

(5) （与式）

$\quad = \dfrac{1}{3}\left\{\left(\dfrac{1}{1} - \dfrac{1}{4}\right) + \left(\dfrac{1}{4} - \dfrac{1}{7}\right) + \left(\dfrac{1}{7} - \dfrac{1}{10}\right) + \cdots\cdots\right.$

$\qquad \left. + \left(\dfrac{1}{97} - \dfrac{1}{100}\right)\right\}$

$\quad = \dfrac{1}{3}\left(1 - \dfrac{1}{100}\right)$

$\quad = \dfrac{33}{100}$

次の数列の和を求めよ。

(1) $\displaystyle\sum_{k=1}^{20}(2k+1)$

(2) $\displaystyle\sum_{k=1}^{30}(3k-2)$

(3) $\dfrac{4}{3}+1+\dfrac{3}{4}+\dfrac{9}{16}+\dfrac{27}{64}$

(4) $\displaystyle\sum_{k=1}^{n+2}4\cdot3^{k+1}$

(5) $\dfrac{1}{\sqrt{3}+1}+\dfrac{1}{\sqrt{5}+\sqrt{3}}+\dfrac{1}{\sqrt{7}+\sqrt{5}}+\cdots\cdots+\dfrac{1}{\sqrt{121}+\sqrt{119}}$

問題 $12-3$ 解答

(1) **440** (2) **1335** (3) $\dfrac{781}{192}$ (4) $\mathbf{18(3^{n+2}-1)}$ (5) **5**

【参考】

(1) $(\text{与式}) = \dfrac{1}{2} \cdot 20(3+41) = 440$

(2) $(\text{与式}) = \dfrac{1}{2} \cdot 30(1+88) = 1335$

(3) $(\text{与式}) = \dfrac{4}{3} \cdot \dfrac{1-\left(\dfrac{3}{4}\right)^5}{1-\dfrac{3}{4}} = \dfrac{16}{3}\left(1-\dfrac{243}{1024}\right)$

$\qquad\qquad = \dfrac{781}{192}$

(4) $(\text{与式}) = 4 \cdot 3^2 \cdot \dfrac{3^{n+2}-1}{3-1}$

$\qquad\qquad = 18(3^{n+2}-1)$

(5) (与式)

$\qquad = \dfrac{1}{2}\{(\sqrt{3}-1)+(\sqrt{5}-\sqrt{3})+(\sqrt{7}-\sqrt{5})+\cdots\cdots+(\sqrt{121}-\sqrt{119})\}$

$\qquad = \dfrac{1}{2}(\sqrt{121}-1)$

$\qquad = 5$

次の数列の和を求めよ。

(1) $\displaystyle\sum_{k=1}^{20}(5k+2)$

(2) $\displaystyle\sum_{k=1}^{n}(n+k)$

(3) $\displaystyle\sum_{k=1}^{n}\frac{4}{3^k}$

(4) $\displaystyle\sum_{k=1}^{n+1}5\cdot3^{n-k}$

(5) $\displaystyle\sum_{k=1}^{n}\frac{1}{(k+2)(k+3)}$

問題 $12-4$ 解答

(1) **1090** (2) $\dfrac{1}{2}n(3n+1)$ (3) $2\left\{1-\left(\dfrac{1}{3}\right)^n\right\}$

(4) $\dfrac{5}{6}(3^{n+1}-1)$ (5) $\dfrac{n}{3(n+3)}$

【参考】

(1) (与式) $= \dfrac{1}{2}\cdot 20(7+102) = 1090$

(2) (与式) $= \dfrac{1}{2}n\{(n+1)+2n\} = \dfrac{1}{2}n(3n+1)$

(3) (与式) $= \dfrac{4}{3}\cdot \dfrac{1-\left(\dfrac{1}{3}\right)^n}{1-\dfrac{1}{3}} = 2\left\{1-\left(\dfrac{1}{3}\right)^n\right\}$

> [注]
> $\dfrac{4}{3^k} = 4\left(\dfrac{1}{3}\right)^k$ と見る。初項 $\dfrac{4}{3}$, 公比 $\dfrac{1}{3}$ の等比数列の和である。

(4) (与式) $= 5\cdot 3^{n-1}\cdot \dfrac{1-\left(\dfrac{1}{3}\right)^{n+1}}{1-\dfrac{1}{3}}$

$\qquad = \dfrac{5}{2}\cdot 3^n\left\{1-\left(\dfrac{1}{3}\right)^{n+1}\right\}$

$\qquad = \dfrac{5}{6}(3^{n+1}-1)$

(5) (与式) $= \displaystyle\sum_{k=1}^{n}\left(\dfrac{1}{k+2}-\dfrac{1}{k+3}\right)$

$\qquad = \left(\dfrac{1}{3}-\dfrac{1}{4}\right)+\left(\dfrac{1}{4}-\dfrac{1}{5}\right)+\left(\dfrac{1}{5}-\dfrac{1}{6}\right)+\cdots\cdots+\left(\dfrac{1}{n+2}-\dfrac{1}{n+3}\right)$

$\qquad = \dfrac{1}{3}-\dfrac{1}{n+3}$

$\qquad = \dfrac{n}{3(n+3)}$

問題	今週のテーマ						
12−5	**数列の和**						
	1	2	3	4	**5**	6	7

制限時間 A：**3** 分	実施日　　　月　　日	得点　　／5
制限時間 B：**6** 分	実施日　　　月　　日	得点　　／5

次の数列の和を求めよ。

(1) $\displaystyle\sum_{k=1}^{n}(n-2k)$

(2) $\displaystyle\sum_{k=-n}^{2n}(3k+2)$

(3) $\displaystyle\sum_{k=1}^{n}\frac{2\cdot 3^{k}}{4^{k+1}}$

(4) $\displaystyle\sum_{k=1}^{n}\left(\frac{1}{3}\right)^{k}\left(\frac{5}{6}\right)^{n-k}$

(5) $\displaystyle\sum_{k=1}^{n}\frac{1}{k^{2}+2k}$

問題 12−5 解答

(1)　$-n$　(2)　$\dfrac{1}{2}(3n+1)(3n+4)$　(3)　$\dfrac{3}{2}\left\{1-\left(\dfrac{3}{4}\right)^n\right\}$

(4)　$\dfrac{2}{3}\left\{\left(\dfrac{5}{6}\right)^n-\left(\dfrac{1}{3}\right)^n\right\}$　(5)　$\dfrac{3n^2+5n}{4(n+1)(n+2)}$

【参考】

(1)　(与式) $=\dfrac{1}{2}n\{(n-2)+(-n)\}=-n$

(2)　(与式) $=\dfrac{1}{2}(3n+1)\{(-3n+2)+(6n+2)\}=\dfrac{1}{2}(3n+1)(3n+4)$

(3)　(与式) $=\displaystyle\sum_{k=1}^{n}\dfrac{1}{2}\left(\dfrac{3}{4}\right)^k=\dfrac{3}{8}\cdot\dfrac{1-\left(\dfrac{3}{4}\right)^n}{1-\dfrac{3}{4}}$

$\qquad\qquad =\dfrac{3}{2}\left\{1-\left(\dfrac{3}{4}\right)^n\right\}$

(4)　(与式) $=\dfrac{1}{3}\left(\dfrac{5}{6}\right)^{n-1}\cdot\dfrac{1-\left(\dfrac{2}{5}\right)^n}{1-\dfrac{2}{5}}=\dfrac{2}{3}\left(\dfrac{5}{6}\right)^n\left\{1-\left(\dfrac{2}{5}\right)^n\right\}$

$\qquad\qquad =\dfrac{2}{3}\left\{\left(\dfrac{5}{6}\right)^n-\left(\dfrac{1}{3}\right)^n\right\}$

(5)　(与式) $=\displaystyle\sum_{k=1}^{n}\dfrac{1}{k(k+2)}=\sum_{k=1}^{n}\dfrac{1}{2}\left(\dfrac{1}{k}-\dfrac{1}{k+2}\right)$

$\qquad\qquad =\dfrac{1}{2}\left\{\left(\dfrac{1}{1}-\dfrac{1}{3}\right)+\left(\dfrac{1}{2}-\dfrac{1}{4}\right)+\left(\dfrac{1}{3}-\dfrac{1}{5}\right)+\cdots\cdots\right.$

$\qquad\qquad\quad \left.+\left(\dfrac{1}{n-1}-\dfrac{1}{n+1}\right)+\left(\dfrac{1}{n}-\dfrac{1}{n+2}\right)\right\}$

$\qquad\qquad =\dfrac{1}{2}\left(1+\dfrac{1}{2}-\dfrac{1}{n+1}-\dfrac{1}{n+2}\right)$

$\qquad\qquad =\dfrac{3n^2+5n}{4(n+1)(n+2)}$

制限時間 A : **3** 分	実施日　　　月　　日	得点　／5
制限時間 B : **6** 分	実施日　　　月　　日	得点　／5

次の数列の和を求めよ。

(1) $\displaystyle\sum_{k=1}^{11} k^2$

(2) $\displaystyle\sum_{k=1}^{n} (k^2 - 4k)$

(3) $\displaystyle\sum_{k=1}^{n} \frac{2^{2k}}{3^{k-1}}$

(4) $\displaystyle\sum_{k=1}^{n} \frac{3^k + 2 \cdot 5^k}{6^k}$

(5) $\log_{10} \dfrac{2}{1} + \log_{10} \dfrac{3}{2} + \log_{10} \dfrac{4}{3} + \cdots\cdots + \log_{10} \dfrac{100}{99}$

問題 12−6 解答

(1) **506**　(2) $\dfrac{1}{6}n(n+1)(2n-11)$　(3) $12\left\{\left(\dfrac{4}{3}\right)^n - 1\right\}$

(4) $11 - \left(\dfrac{1}{2}\right)^n - 10\left(\dfrac{5}{6}\right)^n$　(5) **2**

【参考】

(1)　(与式) $= \dfrac{1}{6}\cdot 11 \cdot 12 \cdot 23 = 22 \cdot 23 = 506$

(2)　(与式) $= \dfrac{1}{6}n(n+1)(2n+1) - 4 \cdot \dfrac{1}{2}n(n+1) = \dfrac{1}{6}n(n+1)\{(2n+1)-12\}$

$\qquad = \dfrac{1}{6}n(n+1)(2n-11)$

(3)　(与式) $= \displaystyle\sum_{k=1}^{n} 4\left(\dfrac{4}{3}\right)^{k-1} = 4 \cdot \dfrac{\left(\dfrac{4}{3}\right)^n - 1}{\dfrac{4}{3} - 1} = 12\left\{\left(\dfrac{4}{3}\right)^n - 1\right\}$

(4)　(与式) $= \displaystyle\sum_{k=1}^{n}\left\{\left(\dfrac{1}{2}\right)^k + 2\left(\dfrac{5}{6}\right)^k\right\} = \dfrac{1}{2}\cdot\dfrac{1 - \left(\dfrac{1}{2}\right)^n}{1 - \dfrac{1}{2}} + \dfrac{5}{3}\cdot\dfrac{1 - \left(\dfrac{5}{6}\right)^n}{1 - \dfrac{5}{6}}$

$\qquad = 1 - \left(\dfrac{1}{2}\right)^n + 10\left\{1 - \left(\dfrac{5}{6}\right)^n\right\}$

$\qquad = 11 - \left(\dfrac{1}{2}\right)^n - 10\left(\dfrac{5}{6}\right)^n$

(5)　(与式) $= (\log_{10} 2 - \log_{10} 1) + (\log_{10} 3 - \log_{10} 2) + (\log_{10} 4 - \log_{10} 3) + \cdots\cdots$

$\qquad + (\log_{10} 100 - \log_{10} 99)$

$\qquad = \log_{10} 100 - \log_{10} 1$

$\qquad = 2$

制限時間 A：**3** 分	実施日	月　　日	得点	／5
制限時間 B：**6** 分	実施日	月　　日	得点	／5

次の数列の和を求めよ。

(1) $\displaystyle\sum_{k=1}^{n}(k-1)k(k+1)$

(2) $\dfrac{1}{1}+\dfrac{1}{1+2}+\dfrac{1}{1+2+3}+\cdots+\dfrac{1}{1+2+3+\cdots+n}$

(3) $\displaystyle\sum_{k=1}^{n}\left(\dfrac{4}{3}\right)^{k}\cdot\dfrac{1+2\cdot3^{k}}{2^{2k}}$

(4) $\log_{10}\dfrac{2^2}{1\cdot3}+\log_{10}\dfrac{3^2}{2\cdot4}+\log_{10}\dfrac{4^2}{3\cdot5}+\cdots+\log_{10}\dfrac{n^2}{(n-1)(n+1)}$

(5) $\log_{10}\dfrac{1\cdot5}{3^2}+\log_{10}\dfrac{3\cdot7}{5^2}+\log_{10}\dfrac{5\cdot9}{7^2}+\cdots+\log_{10}\dfrac{(2n-1)(2n+3)}{(2n+1)^2}$

［注］

(4) は $n\geqq2$ とする。

207

問題 12−7 解答

(1) $\dfrac{1}{4}(n-1)n(n+1)(n+2)$　(2) $\dfrac{2n}{n+1}$

(3) $\dfrac{1}{2} - \dfrac{1}{2}\left(\dfrac{1}{3}\right)^n + 2n$　(4) $\log_{10}\dfrac{2n}{n+1}$

(5) $\log_{10}\dfrac{2n+3}{3(2n+1)}$

【参考】

(1)　(与式) $= \displaystyle\sum_{k=1}^{n}(k^3 - k) = \dfrac{1}{4}n^2(n+1)^2 - \dfrac{1}{2}n(n+1)$

$\qquad\qquad = \dfrac{1}{4}n(n+1)\{n(n+1)-2\}$

$\qquad\qquad = \dfrac{1}{4}(n-1)n(n+1)(n+2)$

[注]

公式 $\displaystyle\sum_{k=1}^{n}k(k+1)(k+2) = \dfrac{1}{4}n(n+1)(n+2)(n+3)$ を用いて求めてもよい。

(2)　(与式) $= \displaystyle\sum_{k=1}^{n}\dfrac{1}{\frac{1}{2}k(k+1)} = \sum_{k=1}^{n}2\left(\dfrac{1}{k} - \dfrac{1}{k+1}\right)$

$\qquad\qquad = 2\left\{\left(\dfrac{1}{1} - \dfrac{1}{2}\right) + \left(\dfrac{1}{2} - \dfrac{1}{3}\right) + \left(\dfrac{1}{3} - \dfrac{1}{4}\right) + \cdots\cdots\right.$

$\qquad\qquad\qquad \left. + \left(\dfrac{1}{n} - \dfrac{1}{n+1}\right)\right\}$

$\qquad\qquad = 2\left(1 - \dfrac{1}{n+1}\right) = \dfrac{2n}{n+1}$

(3)　(与式) $= \displaystyle\sum_{k=1}^{n}\left\{\left(\dfrac{1}{3}\right)^k + 2\right\} = \dfrac{1}{3}\cdot\dfrac{1 - \left(\dfrac{1}{3}\right)^n}{1 - \dfrac{1}{3}} + 2n$

$\qquad\qquad = \dfrac{1}{2} - \dfrac{1}{2}\left(\dfrac{1}{3}\right)^n + 2n$

(4) （与式）$= \displaystyle\sum_{k=1}^{n-1} \log_{10} \frac{(k+1)^2}{k(k+2)} = \sum_{k=1}^{n-1} \left(\log_{10} \frac{k+1}{k+2} - \log_{10} \frac{k}{k+1} \right)$

$= \left(\log_{10} \dfrac{2}{3} - \log_{10} \dfrac{1}{2} \right) + \left(\log_{10} \dfrac{3}{4} - \log_{10} \dfrac{2}{3} \right)$

$\quad + \left(\log_{10} \dfrac{4}{5} - \log_{10} \dfrac{3}{4} \right) + \cdots\cdots + \left(\log_{10} \dfrac{n}{n+1} - \log_{10} \dfrac{n-1}{n} \right)$

$= -\log_{10} \dfrac{1}{2} + \log_{10} \dfrac{n}{n+1}$

$= \log_{10} \dfrac{2n}{n+1}$

(5) （与式）$= \displaystyle\sum_{k=1}^{n} \log_{10} \frac{(2k-1)(2k+3)}{(2k+1)^2}$

$= \displaystyle\sum_{k=1}^{n} \left(\log_{10} \frac{2k+3}{2k+1} - \log_{10} \frac{2k+1}{2k-1} \right)$

$= \left(\log_{10} \dfrac{5}{3} - \log_{10} \dfrac{3}{1} \right) + \left(\log_{10} \dfrac{7}{5} - \log_{10} \dfrac{5}{3} \right)$

$\quad + \left(\log_{10} \dfrac{9}{7} - \log_{10} \dfrac{7}{5} \right) + \cdots\cdots + \left(\log_{10} \dfrac{2n+3}{2n+1} - \log_{10} \dfrac{2n+1}{2n-1} \right)$

$= -\log_{10} \dfrac{3}{1} + \log_{10} \dfrac{2n+3}{2n+1}$

$= \log_{10} \dfrac{2n+3}{3(2n+1)}$

複素数の計算

目標　複素数の四則演算に慣れ，途中式を多く書かずに計算結果を得ることができるようになる。

革命計算法
Revolutionary Technique

この章で必要な知識は次の通りである。

- 虚数単位 i を含む数の四則演算ができること

- 分数式の分母を実数化できること

- 共役複素数を利用した計算ができること

1　**虚数単位を含む数の四則演算**

虚数単位 i を含む式の計算は i は他の文字と同様に扱い $i^2 = -1$ に注意して整理する。例えば，

$$(3 + 2i)(4 + i) = 12 + 11i + 2i^2$$
$$= 12 + 11i + 2(-1)$$
$$= 10 + 11i$$

であるが，この章ではこれを，

$$(3 + 2i)(4 + i) = 10 + 11i$$

のように求めたい。

例1

$$(5 + 2i)(3 + 4i) + (2 + 3i)(1 + 4i) = -3 + 37i$$

のように一度に結果が出せるようにする。

2　**分数式の分母の実数化**

一般に，$a,\ b$ を実数として $a + bi$ には $a - bi$ をかけると

$$(a + bi)(a - bi) = a^2 + b^2$$

のように実数になる。したがって，分母が $a + bi$ である分数式の場合は $a + bi$ の共役複素数である $a - bi$ を分母分子にかけることで分母を実数化することができる。例えば，

$$\frac{3+i}{2+3i} = \frac{(3+i)(2-3i)}{(2+3i)(2-3i)}$$
$$= \frac{9-7i}{13}$$

のようになる。この章では「$a + bi$ の形で答えよ」とあるが，最後の答は $\dfrac{9}{13} - \dfrac{7}{13}i$ と書いても $\dfrac{9-7i}{13}$ と書いてもよいこととする。この計算を直接

$$\frac{3+i}{2+3i} = \frac{9-7i}{13}$$

のようにできるようにしたい。

例2

$$\frac{4-3i}{2-i} + \frac{5+6i}{3+i} = \frac{11-2i}{5} + \frac{21+13i}{10} = \frac{43+9i}{10}$$

の程度を書くことで結果が出せるようにする。

3　共役複素数を利用した計算

この章の後半では共役複素数の性質を利用することで簡潔に計算できるものがある。共役複素数の性質として，

(1) $\overline{z \pm w} = \overline{z} \pm \overline{w}$ （複号同順）　　(2) $\overline{zw} = \overline{z}\,\overline{w}$

(3) $\overline{\left(\dfrac{z}{w}\right)} = \dfrac{\overline{z}}{\overline{w}}$　　　　　　　　(4) $\overline{z^n} = (\overline{z})^n$　（n は自然数）

(5) $z\overline{z} = |z|^2$　　　　　　　　　(6) $z \in \mathbb{R} \iff z = \overline{z}$

などがあるが，この章では上の性質を用いるものが含まれる。例えば，

$$(1+2i)(2+3i) = -4 + 7i$$

であるから

$$(1-2i)(2-3i) = \overline{\{(1+2i)(2+3i)\}} = \overline{-4+7i}$$
$$= -4 - 7i$$

のように最初の計算結果を利用して求めることができる。

次の式を $a + bi$ (a, b は実数) の形で表せ。

(1)　$(1 + 3i)(2 + i)$

(2)　$(4 + i)(5 - 2i)$

(3)　$(-1 + \sqrt{2}i)(2 + 3\sqrt{2}i)$

(4)　$(5 + 2i)(3 - 2i) + (2 + 6i)(3 - 4i)$

(5)　$(7 + 3i)(1 + 4i) + (4 - 7i)(3 + 2i)$

問題 13−1 解答

(1) $-1 + 7i$ (2) $22 - 3i$ (3) $-8 - \sqrt{2}i$

(4) $49 + 6i$ (5) $21 + 18i$

問題 13−2	今週のテーマ 複素数の計算

	1	**2**	3	4	5	6	7
制限時間 A：**3** 分	実施日　　　月　　日			得点		/5	
制限時間 B：**5** 分	実施日　　　月　　日			得点		/5	

次の式を $a + bi$ $(a, b$ は実数$)$ の形で表せ。

(1) $(4 + 3i)(1 - 6i)$

(2) $(3 + \sqrt{3}i)(2 - 5\sqrt{3}i)$

(3) $(2 + i)(8 - 3i) + (5 + 3i)(-6 + i)$

(4) $(3 + i)^2 + (4 - i)^2$

(5) $(8 + 3i)(-4 + i) + (3 + i)(2 - 3i)$

問題 13−2 解答

(1) $22 - 21i$ (2) $21 - 13\sqrt{3}i$ (3) $-14 - 11i$

(4) $23 - 2i$ (5) $-26 - 11i$

次の式を $a + bi$ (a, b は実数) の形で表せ。

(1)　$(3 + 6i)(4 + 7i)$

(2)　$(2 + 5i)^2 + \left(\dfrac{1}{\sqrt{2}} + \dfrac{1}{\sqrt{2}}i \right)^2$

(3)　$(1 + 3i)(3 + i) - 3(2 - 5i)$

(4)　$\dfrac{3 + 2i}{4 + 3i}$

(5)　$\dfrac{5 + 3i}{2 + 7i}$

問題 13-3 解答

(1) $-30 + 45i$ (2) $-21 + 21i$ (3) $-6 + 25i$

(4) $\dfrac{18}{25} - \dfrac{1}{25}i$ (5) $\dfrac{31}{53} - \dfrac{29}{53}i$

制限時間 A：**4** 分	実施日	月　日	得点	／5
制限時間 B：**6** 分	実施日	月　日	得点	／5

次の式を $a + bi$ (a, b は実数) の形で表せ。

(1)　$(3 + 2i)(5 + 3i)(3 - 2i)$

(2)　$(2 + i)^3$

(3)　$(\sqrt{3} + \sqrt{2}i)^2 + (2 + \sqrt{6}i)^2$

(4)　$\dfrac{7 + 2i}{4 + 3i}$

(5)　$\dfrac{2 + 3i}{3 + i} + \dfrac{4 - 5i}{3 - i}$

問題 13－4 解答

(1) $65 + 39i$ (2) $2 + 11i$ (3) $-1 + 6\sqrt{6}i$

(4) $\dfrac{34}{25} - \dfrac{13}{25}i$ (5) $\dfrac{13}{5} - \dfrac{2}{5}i$

【参考】

　一般に, 実数 $a,\ b$ に対して, $a + bi$ とその共役複素数 $a - bi$ の積は,

$$(a + bi)(a - bi) = a^2 + b^2$$

のようになり, これは実数である。

　(1) のような場合は,

$$
\begin{aligned}
(3 + 2i)(5 + 3i)(3 - 2i) &= \{(3 + 2i)(3 - 2i)\}(5 + 3i) \\
&= 13(5 + 3i) \\
&= 65 + 39i
\end{aligned}
$$

のように, $(3 + 2i)$ と $(3 - 2i)$ の積を先に計算するとよい。

| 制限時間 A：5 分 | 実施日 | 月 日 | 得点 | ／5 |
| 制限時間 B：7 分 | 実施日 | 月 日 | 得点 | ／5 |

次の式を $a + bi$ $(a, b$ は実数$)$ の形で表せ。

(1) $(3 + \sqrt{2}i)^3$

(2) $(1 + \sqrt{2}i)^3 + (3 - \sqrt{2}i)^3$

(3) $(1 + 4i)(2 + 3i)(3 + 2i)(4 + i)$

(4) $\dfrac{4 - 3i}{2 + 3i} + \dfrac{5 - i}{3 - 2i}$

(5) $\dfrac{2 - 4i}{(3 + i)^2}$

問題 13−5 解答

(1) $9 + 25\sqrt{2}i$ (2) $4 - 24\sqrt{2}i$ (3) -221

(4) $\dfrac{16}{13} - \dfrac{11}{13}i$ (5) $-\dfrac{2}{25} - \dfrac{11}{25}i$

【参考】

(1) $(3 + \sqrt{2}i)^3 = 27 + 27\sqrt{2}i - 18 - 2\sqrt{2}i = 9 + 25\sqrt{2}i$

(2) $(1 + \sqrt{2}i)^3 + (3 - \sqrt{2}i)^3 = (1 + 3\sqrt{2}i - 6 - 2\sqrt{2}i) + \underbrace{(9 - 25\sqrt{2}i)}_{\bigstar}$

$$= 4 - 24\sqrt{2}i$$

[注]

　　$\bigstar$ については, (1) の結果を使うとよい。すなわち, (1) で求めた数の共役複素数が$\bigstar$になることを利用する。

$$(3 - \sqrt{2}i)^3 = \overline{(3 + \sqrt{2}i)^3} = \overline{(3 + \sqrt{2}i)^3} = \overline{9 + 25\sqrt{2}i} = 9 - 25\sqrt{2}i$$

(3) 一般に $(a + bi)(b + ai) = (a^2 + b^2)i$ $(a, b$ は実数$)$ のようになる。したがって, 次のように計算すると多少計算の負担が減る。

$$(1 + 4i)(2 + 3i)(3 + 2i)(4 + i) = \{(1 + 4i)(4 + i)\}\{(2 + 3i)(3 + 2i)\}$$

$$= 17i \times 13i$$

$$= -221$$

(4) $\dfrac{4 - 3i}{2 + 3i} + \dfrac{5 - i}{3 - 2i} = \dfrac{(4 - 3i)(3 - 2i) + (5 - i)(2 + 3i)}{(2 + 3i)(3 - 2i)} = \dfrac{19 - 4i}{12 + 5i}$

$$= \dfrac{(19 - 4i)(12 - 5i)}{169} = \dfrac{16}{13} - \dfrac{11}{13}i$$

(5) $\dfrac{2 - 4i}{(3 + i)^2} = \dfrac{2 - 4i}{8 + 6i} = \dfrac{1 - 2i}{4 + 3i}$

$$= \dfrac{(1 - 2i)(4 - 3i)}{25}$$

$$= -\dfrac{2}{25} - \dfrac{11}{25}i$$

次の式を $a + bi$ $(a, b$ は実数$)$ の形で表せ。

(1)　$\dfrac{(3 + 2i)(5 - 2i)}{(3 - 2i)(5 + 2i)}$

(2)　$\dfrac{(3 + 2i)(3 - 2i)}{(5 + 2i)(5 - 2i)}$

(3)　$(\sqrt{3} + \sqrt{2}i)^4(\sqrt{2} + \sqrt{3}i)^4$

(4)　$\dfrac{(2 + 5i)^4(3 + 4i)^4}{(4 - 3i)^4(5 - 2i)^4}$

(5)　$\dfrac{1}{2 + 5i} + \dfrac{1}{3 + 4i} + \dfrac{1}{4 + 3i} + \dfrac{1}{5 + 2i}$

問題 13−6 解答

(1) $\dfrac{345}{377} + \dfrac{152}{377}i$ (2) $\dfrac{13}{29}$ (3) **625**

(4) **1**   (5) $\dfrac{378}{725} - \dfrac{378}{725}i$

【参考】

(1) $\dfrac{(3+2i)(5-2i)}{(3-2i)(5+2i)} = \dfrac{(3+2i)^2(5-2i)^2}{13 \times 29} = \dfrac{(5+12i)(21-20i)}{377}$

$\qquad\qquad = \dfrac{345}{377} + \dfrac{152}{377}i$

(2) $\dfrac{(3+2i)(3-2i)}{(5+2i)(5-2i)} = \dfrac{13}{29}$

(3) $(\sqrt{3}+\sqrt{2}i)^4(\sqrt{2}+\sqrt{3}i)^4 = \{(\sqrt{3}+\sqrt{2}i)(\sqrt{2}+\sqrt{3}i)\}^4 = (5i)^4$

$\qquad\qquad\qquad = 625$

(4) $\dfrac{(2+5i)^4(3+4i)^4}{(4-3i)^4(5-2i)^4} = \left(\dfrac{2+5i}{5-2i}\right)^4 \left(\dfrac{3+4i}{4-3i}\right)^4 = i^4 \cdot i^4$

$\qquad\qquad = 1$

(5) $\dfrac{1}{2+5i} + \dfrac{1}{3+4i} + \dfrac{1}{4+3i} + \dfrac{1}{5+2i}$

$\qquad = \left(\dfrac{1}{2+5i} + \dfrac{1}{5+2i}\right) + \left(\dfrac{1}{3+4i} + \dfrac{1}{4+3i}\right)$

$\qquad = \dfrac{7+7i}{(2+5i)(5+2i)} + \dfrac{7+7i}{(3+4i)(4+3i)}$

$\qquad = (7+7i)\left(\dfrac{1}{29i} + \dfrac{1}{25i}\right) = (7+7i) \cdot \dfrac{54}{29 \times 25i}$

$\qquad = \dfrac{378}{725} - \dfrac{378}{725}i$

次の式を $a + bi$ $(a, b$ は実数$)$ の形で表せ。

(1)　$(4 + 3i)(5 + 2i) + (5 + 2i)(6 + i) + (6 + i)(4 + 3i)$

(2)　$(4 + 3i)^2 + (5 + 2i)^2 + (6 + i)^2$

(3)　$\dfrac{(1 + 3i)^4}{(2 + i)^4}$

(4)　$\dfrac{1}{7 + 2i} + \dfrac{1}{2 + 7i}$

(5)　$\dfrac{1}{7 + 2i} + \dfrac{1}{7 - 2i} + \dfrac{1}{2 + 7i} + \dfrac{1}{2 - 7i}$

問題 13−7 解答

(1) $63 + 62i$ (2) $63 + 56i$ (3) -4

(4) $\dfrac{9}{53} - \dfrac{9}{53}i$ (5) $\dfrac{18}{53}$

【参考】

(1) $(4 + 3i)(5 + 2i) + (5 + 2i)(6 + i) + (6 + i)(4 + 3i)$

$= (14 + 23i) + (28 + 17i) + (21 + 22i)$

$= 63 + 62i$

(2) $(4 + 3i)^2 + (5 + 2i)^2 + (6 + i)^2 = (7 + 24i) + (21 + 20i) + (35 + 12i)$

$= 63 + 56i$

(3) $\dfrac{(1 + 3i)^4}{(2 + i)^4} = \left(\dfrac{1 + 3i}{2 + i}\right)^4 = \left\{\dfrac{(1 + 3i)(2 - i)}{5}\right\}^4 = (1 + i)^4$

$= (2i)^2$

$= -4$

(4) $\dfrac{1}{7 + 2i} + \dfrac{1}{2 + 7i} = \dfrac{9 + 9i}{(7 + 2i)(2 + 7i)} = \dfrac{9(1 + i)}{53i}$

$= \dfrac{9}{53} - \dfrac{9}{53}i$

(5) これは, (4) の結果を利用するとよい。

$\dfrac{1}{7 + 2i} + \dfrac{1}{7 - 2i} + \dfrac{1}{2 + 7i} + \dfrac{1}{2 - 7i}$

$= \left(\dfrac{1}{7 + 2i} + \dfrac{1}{2 + 7i}\right) + \overline{\left(\dfrac{1}{7 + 2i} + \dfrac{1}{2 + 7i}\right)}$

$= \left(\dfrac{9}{53} - \dfrac{9}{53}i\right) + \overline{\left(\dfrac{9}{53} - \dfrac{9}{53}i\right)}$

$= \dfrac{18}{53}$

第2部
数学Ⅲ
標準編

第14回 極限の計算
Standard Stage

目標 ① 不定形の極限のうち簡単に解決するものの速算法をマスターする。

② 不定形ではない「$\dfrac{a}{0}\ (a \neq 0)$ 型の極限」に慣れる。

■ 革命計算法
Revolutionary Technique

① 極限の速算法

以下の極限の計算方法は万能ではないが, はさみうちの原理を必要としない極限の中では多くの場合に適用できるので理解して使えるようにしておくとよい。

まず, 基本変形として次の 5 パターンをあげよう。ただし, どの場合も □ → 0 の場合である。

---

(1) sin □ が不定形に関わっている場合

$$\sin \square = \frac{\sin \square}{\square} \times \square$$

(2) $1 - \cos \square$ が不定形に関わっている場合

$$1 - \cos \square = \frac{1 - \cos \square}{\square^2} \times \square^2$$

(3) tan □ が不定形に関わっている場合

$$\tan \square = \frac{\tan \square}{\square} \times \square$$

(4) $e^{\square} - 1$ が不定形に関わっている場合

$$e^{\square} - 1 = \frac{e^{\square} - 1}{\square} \times \square$$

(5) $\log(1 + \square)$ が不定形に関わっている場合

$$\log(1 + \square) = \frac{\log(1 + \square)}{\square} \times \square$$

それでは, これらについて順に説明していこう。

229

(1) **sin □ が不定形に関わっている場合**

例えば, 極限 $\displaystyle\lim_{x\to 0}\frac{\sin 3x}{x}$ は $\dfrac{0}{0}$ 型の不定形であるが, この極限において $\sin 3x$ は $\dfrac{0}{0}$ を作る要因になっている。

このように □ → 0 であり, sin □ が極限の不定形を作る要因になっている場合は sin □ の部分を

$$\sin \square = \frac{\sin \square}{\square} \times \square$$

のように変形して $\displaystyle\lim_{x\to 0}\frac{\sin x}{x}=1$ であることを用いて極限を計算するとよい。ただし, 変形した後は $\dfrac{\sin \square}{\square}$ の部分は 1 に近づく部分であるから (つまり極限がわかっている部分であるからこの部分を) 決して動かしてはならない。

例1

$\displaystyle\lim_{x\to 0}\frac{\sin 3x}{x}$ は次のように求める。

$\sin 3x$ はこの極限の中で不定形に関わっており, また $x \to 0$ のとき $3x \to 0$ であるから $\sin 3x$ の部分を

$$\sin 3x = \frac{\sin 3x}{3x} \times 3x$$

の形に変形する (つまり, $\sin 3x$ の部分を $\dfrac{\sin 3x}{3x} \times 3x$ に置き換える)。このようにして

$$\begin{aligned}
\lim_{x\to 0}\frac{\sin 3x}{x} &= \lim_{x\to 0}\frac{\dfrac{\sin 3x}{3x}\times 3x}{x}\\
&= \lim_{x\to 0}\frac{\sin 3x}{3x}\times \frac{3x}{x}\\
&= \lim_{x\to 0}\frac{\sin 3x}{3x}\times 3\\
&= 1\times 3\\
&= 3
\end{aligned}$$

を得る。

例2

$\displaystyle\lim_{x\to 0}\frac{\sin(2x+3x^2)}{\sin 4x}$ は次のように求める。

$$\lim_{x \to 0} \frac{\sin(2x + 3x^2)}{\sin 4x} = \lim_{x \to 0} \frac{\dfrac{\sin(2x + 3x^2)}{2x + 3x^2} \times (2x + 3x^2)}{\dfrac{\sin 4x}{4x} \times 4x}$$

$$= \lim_{x \to 0} \frac{\dfrac{\sin(2x + 3x^2)}{2x + 3x^2}}{\dfrac{\sin 4x}{4x}} \times \left(\frac{1}{2} + \frac{3}{4}x \right)$$

$$= \frac{1}{1} \times \left(\frac{1}{2} + 0 \right)$$

$$= \frac{1}{2}$$

［注］

$\dfrac{\sin(2x + 3x^2)}{2x + 3x^2}$，$\dfrac{\sin 4x}{4x}$ の部分はどちらも $\dfrac{\sin \square}{\square}$ 型で $\square \to 0$ であるから 1 に近づく。つまり

$$\lim_{x \to 0} \frac{\sin(2x + 3x^2)}{2x + 3x^2} = 1, \quad \lim_{x \to 0} \frac{\sin 4x}{4x} = 1$$

である。

(2) **$1 - \cos \square$ が不定形に関わっている場合**

$\lim_{x \to 0} \dfrac{1 - \cos x}{x^2} = \dfrac{1}{2}$ を利用することを考え，$1 - \cos \square$ の部分を次のように変形する。

$$1 - \cos \square = \frac{1 - \cos \square}{\square^2} \times \square^2$$

例3

極限 $\lim_{x \to 0} \dfrac{1 - \cos 3x}{x^2}$ を求めよう。この場合 $x \to 0$ のとき $1 - \cos 3x$ が不定形に関わっているから，$1 - \cos 3x$ の部分を

$$1 - \cos 3x = \frac{1 - \cos 3x}{(3x)^2} \times (3x)^2$$

のように変形する。このようにして

$$\lim_{x \to 0} \frac{1 - \cos 3x}{x^2} = \lim_{x \to 0} \frac{\dfrac{1 - \cos 3x}{(3x)^2} \times (3x)^2}{x^2}$$

$$= \lim_{x \to 0} \frac{1 - \cos 3x}{(3x)^2} \times \frac{(3x)^2}{x^2}$$

$$= \lim_{x \to 0} \frac{1 - \cos 3x}{(3x)^2} \times 9$$

$$= \frac{1}{2} \times 9$$

$$= \frac{9}{2}$$

を得る。

例4

$\displaystyle \lim_{x \to 0} \frac{1 - \cos(2x + x^2)}{\sin^2 3x}$ は次のように求めるとよい。

$$\lim_{x \to 0} \frac{1 - \cos(2x + x^2)}{\sin^2 3x} = \lim_{x \to 0} \frac{\dfrac{1 - \cos(2x + x^2)}{(2x + x^2)^2} \times (2x + x^2)^2}{\left(\dfrac{\sin 3x}{3x} \times 3x \right)^2}$$

$$= \lim_{x \to 0} \frac{\dfrac{1 - \cos(2x + x^2)}{(2x + x^2)^2}}{\left(\dfrac{\sin 3x}{3x} \right)^2} \times \frac{(2x + x^2)^2}{9x^2}$$

$$= \lim_{x \to 0} \frac{\dfrac{1 - \cos(2x + x^2)}{(2x + x^2)^2}}{\left(\dfrac{\sin 3x}{3x} \right)^2} \times \frac{(2 + x)^2}{9}$$

$$= \frac{\dfrac{1}{2}}{1^2} \times \frac{4}{9}$$

$$= \frac{2}{9}$$

[注]

　簡単な問題の場合，$\displaystyle \lim_{x \to 0} \frac{1 - \cos x}{x^2} = \frac{1}{2}$ であることは理由を示してから使うようにといわれることもある。実際にこれを示すと

$$\lim_{x \to 0} \frac{1 - \cos x}{x^2} = \lim_{x \to 0} \frac{(1 - \cos x)(1 + \cos x)}{x^2(1 + \cos x)}$$

$$= \lim_{x \to 0} \frac{1 - \cos^2 x}{x^2(1 + \cos x)}$$

$$= \lim_{x \to 0} \frac{\sin^2 x}{x^2(1 + \cos x)} = \lim_{x \to 0} \left(\frac{\sin x}{x} \right)^2 \cdot \frac{1}{1 + \cos x}$$

$$= 1^2 \cdot \frac{1}{2}$$

$$= \frac{1}{2}$$

のようになる。

(3) **tan □ が不定形に関わっている場合**

$\displaystyle\lim_{x \to 0} \frac{\tan x}{x} = 1$ を利用することを考え, $\tan \square$ の部分を次のように変形する。

$$\tan \square = \frac{\tan \square}{\square} \times \square$$

例5

$$
\begin{aligned}
\lim_{x \to 0} \frac{\tan(4x + x^2)}{3x + x^2} &= \lim_{x \to 0} \frac{\dfrac{\tan(4x + x^2)}{4x + x^2} \times (4x + x^2)}{3x + x^2} \\
&= \lim_{x \to 0} \frac{\tan(4x + x^2)}{4x + x^2} \times \frac{4x + x^2}{3x + x^2} \\
&= \lim_{x \to 0} \frac{\tan(4x + x^2)}{4x + x^2} \times \frac{4 + x}{3 + x} \\
&= 1 \times \frac{4}{3} = \frac{4}{3}
\end{aligned}
$$

[注]

$\dfrac{\tan(4x + x^2)}{4x + x^2}$ の部分は $\dfrac{\tan \square}{\square}$ の形をしており, $x \to 0$ のとき $\square \to 0$ であるから 1 に近づく。

(4) **$e^{\square} - 1$ が不定形に関わっている場合**

$\displaystyle\lim_{x \to 0} \frac{e^x - 1}{x} = 1$ を利用することを考え, $e^{\square} - 1$ の部分を次のように変形する。

$$e^{\square} - 1 = \frac{e^{\square} - 1}{\square} \times \square$$

例6

極限 $\displaystyle\lim_{x \to 0} \frac{e^{3x} - 1}{x}$ を求めよう。$e^{3x} - 1$ は不定形に関わっているから $e^{3x} - 1$ の部分を

$$e^{3x} - 1 = \frac{e^{3x} - 1}{3x} \times 3x$$

233

のように変形する。このようにして

$$\lim_{x \to 0} \frac{e^{3x} - 1}{x} = \lim_{x \to 0} \frac{\dfrac{e^{3x} - 1}{3x} \times 3x}{x}$$

$$= \lim_{x \to 0} \frac{e^{3x} - 1}{3x} \cdot \frac{3x}{x}$$

$$= \lim_{x \to 0} \frac{e^{3x} - 1}{3x} \cdot 3$$

$$= 3$$

を得る。

例7

$$\lim_{x \to 0} \frac{e^{4x} - e^x}{\sin 2x} = \lim_{x \to 0} \frac{e^x(e^{3x} - 1)}{\sin 2x}$$

$$= \lim_{x \to 0} \frac{e^x \cdot \dfrac{e^{3x} - 1}{3x} \times 3x}{\dfrac{\sin 2x}{2x} \times 2x}$$

$$= \lim_{x \to 0} e^x \cdot \frac{\dfrac{e^{3x} - 1}{3x}}{\dfrac{\sin 2x}{2x}} \cdot \frac{3x}{2x}$$

$$= e^0 \cdot \frac{1}{1} \cdot \frac{3}{2}$$

$$= \frac{3}{2}$$

(5) **$\log(1 + \square)$ が不定形に関わっている場合**

$\lim\limits_{x \to 0} \dfrac{\log(1 + x)}{x} = 1$ を利用することを考え, $\log(1 + \square)$ の部分を次のように変形する。

$$\log(1 + \square) = \frac{\log(1 + \square)}{\square} \times \square$$

例8

極限 $\lim\limits_{x \to 0} \dfrac{\log(1 + 4x + x^2)}{\sin x}$ を求めよう。この場合 $x \to 0$ のとき
$\log(1 + 4x + x^2) \to 0$ となるから, $\log(1 + 4x + x^2)$ の部分を

$$\log(1 + 4x + x^2) = \frac{\log(1 + 4x + x^2)}{4x + x^2} \times (4x + x^2)$$

のように変形する。このようにして

$$\lim_{x \to 0} \frac{\log(1 + 4x + x^2)}{\sin x} = \lim_{x \to 0} \frac{\dfrac{\log(1 + 4x + x^2)}{4x + x^2} \times (4x + x^2)}{\dfrac{\sin x}{x} \times x}$$

$$= \lim_{x \to 0} \frac{\dfrac{\log(1 + 4x + x^2)}{4x + x^2}}{\dfrac{\sin x}{x}} \times \frac{4x + x^2}{x}$$

$$= \lim_{x \to 0} \frac{\dfrac{\log(1 + 4x + x^2)}{4x + x^2}}{\dfrac{\sin x}{x}} \times (4 + x)$$

$$= \frac{1}{1} \times 4$$

$$= 4$$

が得られる。

また, 変形 $\log(1 + \square) = \dfrac{\log(1 + \square)}{\square} \times \square$ と本質的には同じものであるが, 「$(1 + \square)$ を含む極限で, $\square \to 0$ であり, $(1 + \square)$ が不定形に関わっているとき

$$(1 + \square) = \{(1 + \square)^{\frac{1}{\square}}\}^{\square}$$

のように変形する」

とよい。これを用いると

$$\lim_{x \to 0} (1 + 3x)^{\frac{1}{x}} = \lim_{x \to 0} \left\{ \left((1 + 3x)^{\frac{1}{3x}} \right)^{3x} \right\}^{\frac{1}{x}}$$

$$= \lim_{x \to 0} \left\{ (1 + 3x)^{\frac{1}{3x}} \right\}^3$$

$$= e^3$$

のように極限を求めることができる。

[注]

$\displaystyle \lim_{x \to 0} (1 + x)^{\frac{1}{x}} = e$ であることを用いた。

2 $\dfrac{a}{0}$ 型の極限

極限 $\displaystyle\lim_{x\to\alpha}\dfrac{f(x)}{g(x)}$ で $f(x),\ g(x)$ が $x=\alpha$ で連続で $f(\alpha)\neq 0,\ g(\alpha)=0$ である場合

(これを $\dfrac{a}{0}\ (a\neq 0)$ 型の極限と呼ぶことにする),この極限は

(a)　存在しない

(b)　∞

(c)　$-\infty$

のいずれかである。(a), (b), (c) のどの結果になるかの判別は $x=\alpha$ の近くでの $\dfrac{f(x)}{g(x)}$ の符号による。すなわち,

(i)　$x=\alpha$ の近くでつねに $\dfrac{f(x)}{g(x)}>0$ であれば (b)

(ii)　$x=\alpha$ の近くでつねに $\dfrac{f(x)}{g(x)}<0$ であれば (c)

(iii)　$x=\alpha$ の近くで $\dfrac{f(x)}{g(x)}>0,\ \dfrac{f(x)}{g(x)}<0$ の両方の状態があれば (a)

である。仮に $f(\alpha)=a>0$ とし

- $x=\alpha$ の近くで $g(x)>0$ であり $g(\alpha)=0$ である場合,この極限を $\dfrac{a}{+0}$

- $x=\alpha$ の近くで $g(x)<0$ であり $g(\alpha)=0$ である場合,この極限を $\dfrac{a}{-0}$

と表して区別すると極限はわかりやすくなる。ここで,極限が $\dfrac{a}{+0}$ のタイプであれば ∞ となり,$\dfrac{a}{-0}$ のタイプであれば $-\infty$ となる。

ここからは具体例で説明しよう。

(1)　$\displaystyle\lim_{x\to 1+0}\dfrac{1}{1-x}$

[1]　まず,機械的に $\dfrac{1}{1-x}$ に $x=1$ を代入すると $\dfrac{1}{0}$ となることを確認する。

$$\Downarrow$$

[2]　次に $x=1$ の近くでの正負を判定する ($\dfrac{1}{0}$ の 0 は $+0$ か -0 か,あるいはそのどちらでもないか[5]を判定する)。

この場合は,$x\to 1+0$ であるから x が 1 に近づくときは 1 より大きい値をとって近づく。よって $x>1$ であるから $1-x<0$ である。

$$\Downarrow$$

[3]　分母が負の値をとりながら 0 に近づき,分子が 1 であるから,この極限は

---

[5]両方の可能性がある場合は「どちらでもない」場合である。

236

$$\frac{1}{-0}$$

である。極限が $\frac{1}{-0}$ 型になる場合は (その極限は) $-\infty$ であるから

$$\therefore \quad \lim_{x \to 1+0} \frac{1}{1-x} = -\infty$$

である。

以下, 簡潔に書くことにする。

(2) $\displaystyle \lim_{x \to 2+0} \frac{x+1}{\sqrt{x} - \sqrt{2}}$

[1] まず, 機械的に $x = 2$ を代入して $\frac{3}{0}$ となることを確認する。

[2] 「$\frac{3}{0}$ になる」直前の様子が, $\frac{3}{+0}$ であることを確認する ($x > 2$ のとき $\sqrt{x} - \sqrt{2} > 0$ である)。

[3] 極限が $\frac{3}{+0}$ である場合は $+\infty$ であるから

$$\lim_{x \to 2+0} \frac{x+1}{\sqrt{x} - \sqrt{2}} = +\infty$$

である。

(3) $\displaystyle \lim_{x \to -1+0} e^{\frac{x}{x+1}}$

[1] まず, 機械的に $x = -1$ を代入すると $e^{\frac{-1}{0}}$ となり, この中に $\frac{-1}{0}$ が含まれることを確認する。

[2] $x \to -1+0$ であるから $x > -1$ であるので $x = -1$ の近くでは $x+1 > 0$ であるので, この極限は

$$e^{\frac{-1}{+0}}$$

と表せる。

[3] 極限が $\frac{-1}{+0}$ の場合は $-\infty$ であるからこの極限は $e^{-\infty}$ と表せる。これは 0 である。したがって

$$\lim_{x \to -1+0} e^{\frac{x}{x+1}} = 0$$

である。

次の極限を求めよ。

(1)　$\displaystyle \lim_{x \to 0} \frac{\sin 5x}{\sin 2x}$

(2)　$\displaystyle \lim_{x \to 0} \frac{\tan 3x}{\sin 4x}$

(3)　$\displaystyle \lim_{x \to 0} \frac{1 - \cos 4x}{x \sin 3x}$

(4)　$\displaystyle \lim_{x \to 0} \frac{\tan 3x \sin 2x}{1 - \cos 5x}$

(5)　$\displaystyle \lim_{x \to 0} \frac{\sin(4x^2 + 3x^3)}{\cos 3x - 1}$

問題 14−1 解答

(1) $\dfrac{5}{2}$ (2) $\dfrac{3}{4}$ (3) $\dfrac{8}{3}$ (4) $\dfrac{12}{25}$ (5) $-\dfrac{8}{9}$

【参考】

(1) $\displaystyle\lim_{x\to0}\frac{\sin 5x}{\sin 2x}=\lim_{x\to0}\frac{\dfrac{\sin 5x}{5x}\cdot 5x}{\dfrac{\sin 2x}{2x}\cdot 2x}=\lim_{x\to0}\frac{\dfrac{\sin 5x}{5x}}{\dfrac{\sin 2x}{2x}}\cdot\frac{5}{2}$

$\qquad\qquad =\dfrac{5}{2}$

(2) $\displaystyle\lim_{x\to0}\frac{\tan 3x}{\sin 4x}=\lim_{x\to0}\frac{\dfrac{\tan 3x}{3x}\cdot 3x}{\dfrac{\sin 4x}{4x}\cdot 4x}=\lim_{x\to0}\frac{\dfrac{\tan 3x}{3x}}{\dfrac{\sin 4x}{4x}}\cdot\frac{3}{4}$

$\qquad\qquad =\dfrac{3}{4}$

(3) $\displaystyle\lim_{x\to0}\frac{1-\cos 4x}{x\sin 3x}=\lim_{x\to0}\frac{\dfrac{1-\cos 4x}{(4x)^2}\cdot(4x)^2}{x\cdot\dfrac{\sin 3x}{3x}\cdot 3x}=\lim_{x\to0}\frac{\dfrac{1-\cos 4x}{(4x)^2}}{\dfrac{\sin 3x}{3x}}\cdot\frac{16}{3}$

$\qquad\qquad =\dfrac{\dfrac{1}{2}}{1}\cdot\dfrac{16}{3}=\dfrac{8}{3}$

(4) $\displaystyle\lim_{x\to0}\frac{\tan 3x\sin 2x}{1-\cos 5x}=\lim_{x\to0}\frac{\dfrac{\tan 3x}{3x}\cdot 3x\cdot\dfrac{\sin 2x}{2x}\cdot 2x}{\dfrac{1-\cos 5x}{(5x)^2}\cdot(5x)^2}$

$\quad =\displaystyle\lim_{x\to0}\frac{\dfrac{\tan 3x}{3x}\cdot\dfrac{\sin 2x}{2x}}{\dfrac{1-\cos 5x}{(5x)^2}}\cdot\frac{6}{25}=\frac{1\cdot 1}{\dfrac{1}{2}}\cdot\frac{6}{25}=\frac{12}{25}$

(5) $\displaystyle\lim_{x\to0}\frac{\sin(4x^2+3x^3)}{\cos 3x-1}=\lim_{x\to0}\frac{\dfrac{\sin(4x^2+3x^3)}{4x^2+3x^3}\cdot(4x^2+3x^3)}{-\dfrac{1-\cos 3x}{(3x)^2}\cdot(3x)^2}$

$\quad =\displaystyle\lim_{x\to0}\frac{\dfrac{\sin(4x^2+3x^3)}{4x^2+3x^3}}{-\dfrac{1-\cos 3x}{(3x)^2}}\cdot\frac{4+3x}{9}=\frac{1}{-\dfrac{1}{2}}\cdot\frac{4}{9}$

$\quad =-\dfrac{8}{9}$

240

次の極限を求めよ。

(1) $\displaystyle \lim_{x \to 0} \frac{e^{3x} - 1}{e^{2x} - 1}$

(2) $\displaystyle \lim_{x \to 0} \frac{e^{x^2} - 1}{(e^{2x} - 1)(e^{5x} - 1)}$

(3) $\displaystyle \lim_{x \to 0} \frac{e^{3x^2} - 1}{(\sin 3x)^2}$

(4) $\displaystyle \lim_{x \to 0} \frac{e^{4x^3 - 5x^5} - 1}{(e^{2x} - 1)(e^{3x^2} - 1)}$

(5) $\displaystyle \lim_{x \to 0} \frac{(e^{2x} - 1)(e^{4x^2} - 1)(e^{8x^5} + 1)}{e^{5x^3 - 2x^8} - 1}$

問題 14-2 解答

(1) $\dfrac{3}{2}$　(2) $\dfrac{1}{10}$　(3) $\dfrac{1}{3}$　(4) $\dfrac{2}{3}$　(5) $\dfrac{16}{5}$

【参考】

(1) $\displaystyle\lim_{x\to 0}\frac{e^{3x}-1}{e^{2x}-1}=\lim_{x\to 0}\frac{\dfrac{e^{3x}-1}{3x}\cdot 3x}{\dfrac{e^{2x}-1}{2x}\cdot 2x}=\lim_{x\to 0}\frac{\dfrac{e^{3x}-1}{3x}}{\dfrac{e^{2x}-1}{2x}}\cdot\dfrac{3}{2}=\dfrac{3}{2}$

(2) $\displaystyle\lim_{x\to 0}\frac{e^{x^2}-1}{(e^{2x}-1)(e^{5x}-1)}=\lim_{x\to 0}\frac{\dfrac{e^{x^2}-1}{x^2}\cdot x^2}{\dfrac{e^{2x}-1}{2x}\cdot 2x\cdot\dfrac{e^{5x}-1}{5x}\cdot 5x}$

$\displaystyle=\lim_{x\to 0}\frac{\dfrac{e^{x^2}-1}{x^2}}{\dfrac{e^{2x}-1}{2x}\cdot\dfrac{e^{5x}-1}{5x}}\cdot\dfrac{x^2}{10x^2}=\dfrac{1}{10}$

(3) $\displaystyle\lim_{x\to 0}\frac{e^{3x^2}-1}{(\sin 3x)^2}=\lim_{x\to 0}\frac{\dfrac{e^{3x^2}-1}{3x^2}\cdot 3x^2}{\left(\dfrac{\sin 3x}{3x}\right)^2\cdot(3x)^2}=\lim_{x\to 0}\frac{\dfrac{e^{3x^2}-1}{3x^2}}{\left(\dfrac{\sin 3x}{3x}\right)^2}\cdot\dfrac{3x^2}{9x^2}=\dfrac{1}{3}$

(4) $\displaystyle\lim_{x\to 0}\frac{e^{4x^3-5x^5}-1}{(e^{2x}-1)(e^{3x^2}-1)}=\lim_{x\to 0}\frac{\dfrac{e^{4x^3-5x^5}-1}{4x^3-5x^5}\cdot(4x^3-5x^5)}{\dfrac{e^{2x}-1}{2x}\cdot 2x\cdot\dfrac{e^{3x^2}-1}{3x^2}\cdot 3x^2}$

$\displaystyle=\lim_{x\to 0}\frac{\dfrac{e^{4x^3-5x^5}-1}{4x^3-5x^5}}{\dfrac{e^{2x}-1}{2x}\cdot\dfrac{e^{3x^2}-1}{3x^2}}\cdot\dfrac{4-5x^2}{6}=\dfrac{2}{3}$

(5) $\displaystyle\lim_{x\to 0}\frac{(e^{2x}-1)(e^{4x^2}-1)(e^{8x^5}+1)}{e^{5x^3-2x^8}-1}=\lim_{x\to 0}\frac{\dfrac{e^{2x}-1}{2x}\cdot 2x\cdot\dfrac{e^{4x^2}-1}{4x^2}\cdot 4x^2\cdot(e^{8x^5}+1)}{\dfrac{e^{5x^3-2x^8}-1}{5x^3-2x^8}\cdot(5x^3-2x^8)}$

$\displaystyle=\lim_{x\to 0}\frac{\dfrac{e^{2x}-1}{2x}\cdot\dfrac{e^{4x^2}-1}{4x^2}}{\dfrac{e^{5x^3-2x^8}-1}{5x^3-2x^8}}\cdot\dfrac{8(e^{8x^5}+1)}{5-2x^5}=\dfrac{16}{5}$

次の極限を求めよ。

(1) $\displaystyle \lim_{x \to 0}(1 + 3x)^{\frac{1}{x}}$

(2) $\displaystyle \lim_{x \to 0}(1 + x + x^2)^{\frac{1}{3x+x^2}}$

(3) $\displaystyle \lim_{x \to 0}(1 - x)^{\frac{1+3x}{5x}}$

(4) $\displaystyle \lim_{x \to 0}(1 + 3x^2)^{\frac{1}{4x^2+5x^3}}$

(5) $\displaystyle \lim_{x \to 0}\{1 + x(x + 2)\}^{\frac{2}{x(x+3)}}$

問題 14−3 解答

(1) e^3 (2) $e^{\frac{1}{3}}$ (3) $e^{-\frac{1}{5}}$ (4) $e^{\frac{3}{4}}$ (5) $e^{\frac{4}{3}}$

【参考】

(1) $\displaystyle\lim_{x\to 0}(1+3x)^{\frac{1}{x}} = \lim_{x\to 0}\{(1+3x)^{\frac{1}{3x}\cdot 3x}\}^{\frac{1}{x}} = \lim_{x\to 0}\{(1+3x)^{\frac{1}{3x}}\}^3 = e^3$

(2) $\displaystyle\lim_{x\to 0}(1+x+x^2)^{\frac{1}{3x+x^2}} = \lim_{x\to 0}\{(1+x+x^2)^{\frac{1}{x+x^2}\cdot(x+x^2)}\}^{\frac{1}{3x+x^2}}$

$\displaystyle\qquad = \lim_{x\to 0}\{(1+x+x^2)^{\frac{1}{x+x^2}}\}^{\frac{1+x}{3+x}}$

$\displaystyle\qquad = e^{\frac{1}{3}}$

(3) $\displaystyle\lim_{x\to 0}(1-x)^{\frac{1+3x}{5x}} = \lim_{x\to 0}\{(1-x)^{\frac{1}{-x}\cdot(-x)}\}^{\frac{1+3x}{5x}}$

$\displaystyle\qquad = \lim_{x\to 0}\{(1-x)^{\frac{1}{-x}}\}^{-\frac{1+3x}{5}} = e^{-\frac{1}{5}}$

(4) $\displaystyle\lim_{x\to 0}(1+3x^2)^{\frac{1}{4x^2+5x^3}} = \lim_{x\to 0}\{(1+3x^2)^{\frac{1}{3x^2}\cdot 3x^2}\}^{\frac{1}{4x^2+5x^3}}$

$\displaystyle\qquad = \lim_{x\to 0}\{(1+3x^2)^{\frac{1}{3x^2}}\}^{\frac{3}{4+5x}}$

$\displaystyle\qquad = e^{\frac{3}{4}}$

(5) $\displaystyle\lim_{x\to 0}\{1+x(x+2)\}^{\frac{2}{x(x+3)}} = \lim_{x\to 0}\{(1+x(x+2))^{\frac{1}{x(x+2)}\cdot x(x+2)}\}^{\frac{2}{x(x+3)}}$

$\displaystyle\qquad = \lim_{x\to 0}\{(1+x(x+2))^{\frac{1}{x(x+2)}}\}^{\frac{2(x+2)}{x+3}}$

$\displaystyle\qquad = e^{\frac{4}{3}}$

制限時間 A： **3** 分	実施日	月　　日	得点	／5
制限時間 B： **5** 分	実施日	月　　日	得点	／5

次の極限を求めよ。

(1) $\displaystyle \lim_{x \to 0} \frac{\log(1 + 7x)}{x}$

(2) $\displaystyle \lim_{x \to 0} \frac{\log(1 + 3x + 4x^2)}{\log(1 + 5x + 6x^2)}$

(3) $\displaystyle \lim_{x \to 0} \frac{\log(1 + 2x + 2x^2)}{\sin(3x + 4x^2)}$

(4) $\displaystyle \lim_{x \to \infty} x \log\left(1 + \frac{1}{2x + 1}\right)$

(5) $\displaystyle \lim_{x \to \infty} (x^2 + 3x) \log\left(1 + \frac{1}{x + 4x^2}\right)$

問題 14−4 解答

(1) **7** (2) $\dfrac{3}{5}$ (3) $\dfrac{2}{3}$ (4) $\dfrac{1}{2}$ (5) $\dfrac{1}{4}$

【参考】

(1) $\displaystyle \lim_{x \to 0} \frac{\log(1+7x)}{x} = \lim_{x \to 0} \frac{\dfrac{\log(1+7x)}{7x} \cdot 7x}{x} = \lim_{x \to 0} \frac{\log(1+7x)}{7x} \cdot \frac{7x}{x} = 7$

(2) $\displaystyle \lim_{x \to 0} \frac{\log(1+3x+4x^2)}{\log(1+5x+6x^2)} = \lim_{x \to 0} \frac{\dfrac{\log(1+3x+4x^2)}{3x+4x^2} \cdot (3x+4x^2)}{\dfrac{\log(1+5x+6x^2)}{5x+6x^2} \cdot (5x+6x^2)}$

$\displaystyle = \lim_{x \to 0} \frac{\dfrac{\log(1+3x+4x^2)}{3x+4x^2}}{\dfrac{\log(1+5x+6x^2)}{5x+6x^2}} \cdot \frac{3+4x}{5+6x} = \frac{1}{1} \cdot \frac{3}{5} = \frac{3}{5}$

(3) $\displaystyle \lim_{x \to 0} \frac{\log(1+2x+2x^2)}{\sin(3x+4x^2)} = \lim_{x \to 0} \frac{\dfrac{\log(1+2x+2x^2)}{2x+2x^2} \cdot (2x+2x^2)}{\dfrac{\sin(3x+4x^2)}{3x+4x^2} \cdot (3x+4x^2)}$

$\displaystyle = \lim_{x \to 0} \frac{\dfrac{\log(1+2x+2x^2)}{2x+2x^2}}{\dfrac{\sin(3x+4x^2)}{3x+4x^2}} \cdot \frac{2+2x}{3+4x} = \frac{1}{1} \cdot \frac{2}{3} = \frac{2}{3}$

(4) $\displaystyle \lim_{x \to \infty} x\log\left(1+\frac{1}{2x+1}\right) = \lim_{x \to \infty} x \cdot \frac{\log\left(1+\dfrac{1}{2x+1}\right)}{\dfrac{1}{2x+1}} \cdot \frac{1}{2x+1}$

$\displaystyle = \lim_{x \to \infty} \frac{\log\left(1+\dfrac{1}{2x+1}\right)}{\dfrac{1}{2x+1}} \cdot \frac{1}{2+\dfrac{1}{x}} = 1 \cdot \frac{1}{2} = \frac{1}{2}$

(5) $\displaystyle \lim_{x \to \infty} (x^2+3x)\log\left(1+\frac{1}{x+4x^2}\right) = \lim_{x \to \infty} (x^2+3x) \cdot \frac{\log\left(1+\dfrac{1}{x+4x^2}\right)}{\dfrac{1}{x+4x^2}} \cdot \frac{1}{x+4x^2}$

$\displaystyle = \lim_{x \to \infty} \frac{\log\left(1+\dfrac{1}{x+4x^2}\right)}{\dfrac{1}{x+4x^2}} \cdot \frac{1+\dfrac{3}{x}}{\dfrac{1}{x}+4} = \frac{1}{4}$

次の極限を求めよ。

(1) $\displaystyle \lim_{x \to 1+0} \frac{x^2 + 4x + 2}{(x-3)(x-1)}$

(2) $\displaystyle \lim_{x \to 3-0} \frac{e^x - e^2}{e^x - e^3}$

(3) $\displaystyle \lim_{x \to -2+0} \frac{\log(x+2)}{4 - x^2}$

(4) $\displaystyle \lim_{x \to \frac{\pi}{2}-0} e^{\frac{1}{\cos x}}$

(5) $\displaystyle \lim_{x \to -1+0} e^{\frac{x}{1-x^2}}$

問題 14−5 解答

(1)　$-\infty$　(2)　$-\infty$　(3)　$-\infty$　(4)　$+\infty$　(5)　**0**

【参考】

(1)　機械的に $\dfrac{x^2+4x+2}{(x-3)(x-1)}$ に $x=1$ を代入すると $\dfrac{7}{0}$ となる。さらに，$x \to 1+0$ より x が 1 よりわずかに大きいときを考えると $(x-3)(x-1)<0$ であるので，この極限は $\dfrac{7}{-0}$ 型の極限である。よって，この極限は $-\infty$ である。

(2)　機械的に $\dfrac{e^x-e^2}{e^x-e^3}$ に $x=3$ を代入すると $\dfrac{e^3-e^2}{0}$ となる。さらに，$x \to 3-0$ より x が 3 よりわずかに小さい場合を考えると $e^x-e^3<0$ であるので，この極限は $\dfrac{e^3-e^2}{-0}$ 型の極限である。$e^3-e^2>0$ であるから，この極限は $-\infty$ である。

(3)　機械的に $\dfrac{\log(x+2)}{4-x^2}$ に x を -2 に近づけることによって，$\dfrac{-\infty}{0}$ 型の極限であることがわかる。ここで，x が -2 よりわずかに大きいとき $4-x^2>0$ であるので，この極限は $\dfrac{-\infty}{+0}$ 型の極限である。したがって，この極限は $-\infty$ である。

(4)　$x \to \dfrac{\pi}{2}-0$ のとき $\dfrac{1}{\cos x}$ の極限は $\dfrac{1}{+0}$ 型の極限であるから ∞ である。したがって，$e^{\frac{1}{\cos x}}$ は e^∞ 型の極限であるから

$$\lim_{x \to \frac{\pi}{2}-0} e^{\frac{1}{\cos x}} = \infty$$

である。

(5)　x が -1 よりわずかに大きいとき，$1-x^2>0$ であるから，$x \to -1+0$ のときの $e^{\frac{x}{1-x^2}}$ の極限は $e^{\frac{-1}{+0}}$，すなわち，$e^{-\infty}$ 型の極限であるから

$$\lim_{x \to -1+0} e^{\frac{x}{1-x^2}} = 0$$

である。

248

次の極限を求めよ。

(1) $\displaystyle \lim_{x \to 0}(1 + \sin 2x)^{\frac{1}{\tan 3x}}$

(2) $\displaystyle \lim_{x \to 0} \frac{e^{4x} - 2e^{2x} + 1}{e^{3x} - 1}$

(3) $\displaystyle \lim_{x \to 0} \frac{e^{\frac{1}{\cos x} - 1} - 1}{x^2}$

(4) $\displaystyle \lim_{x \to 0}\left(1 + \frac{3x^2}{x+2}\right)^{\frac{3}{x^2(x+2)}}$

(5) $\displaystyle \lim_{x \to 0}\left(1 + \frac{1}{1-x} - \frac{1}{1-x^2}\right)^{\frac{1}{3x+x^4}}$

問題 14−6 解答

(1) $e^{\frac{2}{3}}$ (2) 0 (3) $\dfrac{1}{2}$ (4) $e^{\frac{9}{4}}$ (5) $e^{\frac{1}{3}}$

【参考】

(1) $\displaystyle \lim_{x \to 0}(1 + \sin 2x)^{\frac{1}{\tan 3x}} = \lim_{x \to 0}\left\{(1 + \sin 2x)^{\frac{1}{\sin 2x} \cdot \sin 2x}\right\}^{\frac{1}{\tan 3x}}$

$\displaystyle = \lim_{x \to 0}\left\{(1 + \sin 2x)^{\frac{1}{\sin 2x}}\right\}^{\frac{\sin 2x}{\tan 3x}} = \lim_{x \to 0}\left\{(1 + \sin 2x)^{\frac{1}{\sin 2x}}\right\}^{\frac{\sin 2x}{2x} \cdot 2x \cdot \frac{3x}{\tan 3x} \cdot \frac{1}{3x}}$

$= e^{\frac{2}{3}}$

(2) $\displaystyle \lim_{x \to 0} \frac{e^{4x} - 2e^{2x} + 1}{e^{3x} - 1} = \lim_{x \to 0} \frac{(e^{2x} - 1)^2}{e^{3x} - 1} = \lim_{x \to 0} \frac{\left(\dfrac{e^{2x} - 1}{2x}\right)^2 \cdot (2x)^2}{\dfrac{e^{3x} - 1}{3x} \cdot 3x}$

$\displaystyle = \lim_{x \to 0} \frac{\left(\dfrac{e^{2x} - 1}{2x}\right)^2}{\dfrac{e^{3x} - 1}{3x}} \cdot \frac{(2x)^2}{3x} = \frac{1^2}{1} \cdot \frac{4}{3} \cdot 0 = 0$

(3) $\displaystyle \lim_{x \to 0} \frac{e^{\frac{1}{\cos x} - 1} - 1}{x^2} = \lim_{x \to 0} \frac{\dfrac{e^{\frac{1}{\cos x} - 1} - 1}{\dfrac{1}{\cos x} - 1}\left(\dfrac{1}{\cos x} - 1\right)}{x^2}$

$\displaystyle = \lim_{x \to 0} \frac{e^{\frac{1}{\cos x} - 1} - 1}{\dfrac{1}{\cos x} - 1} \times \frac{1 - \cos x}{x^2} \times \frac{1}{\cos x} = 1 \times \frac{1}{2} \times 1 = \frac{1}{2}$

(4) $\displaystyle \lim_{x \to 0}\left(1 + \frac{3x^2}{x + 2}\right)^{\frac{3}{x^2(x+2)}} = \lim_{x \to 0}\left\{\left(1 + \frac{3x^2}{x + 2}\right)^{\frac{x+2}{3x^2} \cdot \frac{3x^2}{x+2}}\right\}^{\frac{3}{x^2(x+2)}}$

$\displaystyle = \lim_{x \to 0}\left\{\left(1 + \frac{3x^2}{x + 2}\right)^{\frac{x+2}{3x^2}}\right\}^{\frac{9}{(x+2)^2}} = e^{\frac{9}{4}}$

(5) $\displaystyle \lim_{x \to 0}\left(1 + \frac{1}{1 - x} - \frac{1}{1 - x^2}\right)^{\frac{1}{3x + x^4}} = \lim_{x \to 0}\left(1 + \frac{x}{1 - x^2}\right)^{\frac{1}{3x + x^4}}$

$\displaystyle = \lim_{x \to 0}\left\{\left(1 + \frac{x}{1 - x^2}\right)^{\frac{1 - x^2}{x} \cdot \frac{x}{1 - x^2}}\right\}^{\frac{1}{3x + x^4}}$

$\displaystyle = \lim_{x \to 0}\left\{\left(1 + \frac{x}{1 - x^2}\right)^{\frac{1 - x^2}{x}}\right\}^{\frac{1}{(1 - x^2)(3 + x^3)}} = e^{\frac{1}{3}}$

次の極限を求めよ。

(1)　$\displaystyle \lim_{x \to \infty} (x^2 + 3x^3) \sin \frac{1}{x^2(4x+3)}$

(2)　$\displaystyle \lim_{x \to 3+0} e^{\frac{x-5}{x^2-9}}$

(3)　$\displaystyle \lim_{x \to +0} \frac{1 - \cos x}{\log(1 + x^3)}$

(4)　$\displaystyle \lim_{x \to \infty} x^4 \left(1 - \cos \frac{2}{x^2} \right)$

(5)　$\displaystyle \lim_{x \to 0} \frac{(\sin 3x)(e^{\tan 2x} - 1)}{\cos 4x - 1}$

問題 14-7 解答

(1) $\dfrac{3}{4}$ (2) $\mathbf{0}$ (3) $+\infty$ (4) $\mathbf{2}$ (5) $-\dfrac{3}{4}$

【参考】

(1) $\displaystyle \lim_{x \to \infty} (x^2 + 3x^3) \sin \frac{1}{x^2(4x+3)}$

$\displaystyle = \lim_{x \to \infty} (x^2 + 3x^3) \cdot \frac{\sin \dfrac{1}{x^2(4x+3)}}{\dfrac{1}{x^2(4x+3)}} \cdot \frac{1}{x^2(4x+3)}$

$\displaystyle = \lim_{x \to \infty} \frac{\sin \dfrac{1}{x^2(4x+3)}}{\dfrac{1}{x^2(4x+3)}} \cdot \frac{\dfrac{1}{x}+3}{4+\dfrac{3}{x}} = 1 \cdot \frac{3}{4} = \frac{3}{4}$

(2) $x = 3$ を $\dfrac{x-5}{x^2-9}$ に代入すると形式的には $\dfrac{-2}{0}$ となる。また，x が 3 よりわずかに大きければ，$x^2 - 9 > 0$ であるから，$x \to 3+0$ のとき $\dfrac{x-5}{x^2-9}$ は $\dfrac{-2}{+0}$ 型の極限である。したがって，$\displaystyle \lim_{x \to 3+0} \frac{x-5}{x^2-9} = -\infty$ であるから

$\displaystyle \lim_{x \to 3+0} e^{\frac{x-5}{x^2-9}} = 0$

である。

(3) $\displaystyle \lim_{x \to +0} \frac{1-\cos x}{\log(1+x^3)} = \lim_{x \to +0} \frac{\dfrac{1-\cos x}{x^2} \cdot x^2}{\dfrac{\log(1+x^3)}{x^3} \cdot x^3} = \lim_{x \to +0} \frac{\dfrac{1-\cos x}{x^2}}{\dfrac{\log(1+x^3)}{x^3}} \cdot \frac{1}{x}$

$\displaystyle = +\infty \quad (\because \quad \lim_{x \to +0} \frac{1}{x} = \infty)$

(4) $\displaystyle \lim_{x \to \infty} x^4 \left(1 - \cos \frac{2}{x^2}\right) = \lim_{x \to \infty} x^4 \cdot \frac{1-\cos \dfrac{2}{x^2}}{\left(\dfrac{2}{x^2}\right)^2} \cdot \left(\frac{2}{x^2}\right)^2$

$\displaystyle = \lim_{x \to \infty} \frac{1-\cos \dfrac{2}{x^2}}{\left(\dfrac{2}{x^2}\right)^2} \cdot 4 = \frac{1}{2} \cdot 4$

$= 2$

(5) $\displaystyle\lim_{x\to 0}\frac{(\sin 3x)(e^{\tan 2x}-1)}{\cos 4x-1}=\lim_{x\to 0}\frac{\dfrac{\sin 3x}{3x}\cdot 3x\cdot\dfrac{e^{\tan 2x}-1}{\tan 2x}\cdot\dfrac{\tan 2x}{2x}\cdot 2x}{-\dfrac{1-\cos 4x}{(4x)^2}\cdot (4x)^2}$

$\displaystyle=\lim_{x\to 0}\frac{\dfrac{\sin 3x}{3x}\cdot\dfrac{e^{\tan 2x}-1}{\tan 2x}\cdot\dfrac{\tan 2x}{2x}}{-\dfrac{1-\cos 4x}{(4x)^2}}\cdot\frac{3x\cdot 2x}{(4x)^2}$

$\displaystyle=\frac{1\cdot 1\cdot 1}{-\dfrac{1}{2}}\cdot\frac{6}{16}$

$\displaystyle=-\frac{3}{4}$

第15回 微分の計算
Standard Stage

目標 微分の計算に慣れ，結果をすばやく求められるようになる。

革命計算法
Revolutionary Technique

与えられた関数を微分して，指定された x の値を計算する。簡単な微分の計算を 1 行ずつ計算していたのでは計算が遅くなるので，ある程度簡潔に済ませるようにしたい。この章では，導関数を求めるだけでは，未整理の状態や一見すると異なる式のように見えても同じ式という判断に手間がかかるものもあることから，$f'(1)$ や $f'\left(\dfrac{\pi}{2}\right)$ などの具体的な値を代入して値を求めることにした。解答の下の【参考】の部分に導関数 $f'(x)$ が記されているから結果が合わない場合はそこを参考にするとよい。

1. $(x^n)' = nx^{n-1}$ について

微分公式 $(x^n)' = nx^{n-1}$ は n が実数の場合で成り立つ。例えば $f(x) = \sqrt[3]{x}$ のとき $f'(x)$ を求めるときは一度 $f(x) = x^{\frac{1}{3}}$ に変形してこの公式にあてはめるとよい。ただし，$n = \dfrac{1}{2}$ の場合と $n = -1$ の場合は頻繁に現れるので，結果を記憶しておくべきである。

$$n = \dfrac{1}{2} \text{ の場合は,} \quad (\sqrt{x})' = \dfrac{1}{2\sqrt{x}}$$

$$n = -1 \text{ の場合は,} \quad \left(\dfrac{1}{x}\right)' = -\dfrac{1}{x^2}$$

である。

2. 合成関数の微分法

$f(x)$ を微分可能な関数，$\square$ を x の微分可能な関数とするとき，

$$\{f(\square)\}' = f'(\square) \times \square' \qquad \cdots\cdots ①$$

である。「$\times \square'$」を忘れないようにしたい。① を具体的な関数で表現をすると，

$(\square^n)' = n\square^{n-1} \times \square' \quad (n \text{ は実数})$

$(\sin \square)' = \cos \square \times \square'$

$(\cos \square)' = -\sin \square \times \square'$

$(e^{\square})' = e^{\square} \times \square'$

$(\log \square)' = \dfrac{1}{\square} \times \square'$

のようになるが，これを個々に覚えていたのでは効率が悪いので ① を理解しておくべきである。

例1

$$(\sin^5 x)' = 5 \sin^4 x \times (\sin x)' = 5 \sin^4 x \cos x$$

この章では，これを $(\sin^5 x)' = 5 \sin^4 x \cos x$ のように一度に計算をし，$x = \dfrac{\pi}{2}$ を代入した値などを求めるようにする。

3 商の微分法

$f(x)$, $g(x)$ は微分可能な関数で，次の式が成り立つ。

$$\left\{ \frac{f(x)}{g(x)} \right\}' = \frac{f'(x)g(x) - f(x)g'(x)}{\{g(x)\}^2}$$

例2

$$\begin{aligned} \left(\frac{\sin x}{x} \right)' &= \frac{(\sin x)'x - (\sin x) \cdot 1}{x^2} \\ &= \frac{x \cos x - \sin x}{x^2} \end{aligned}$$

これを一度に結果が求められるように練習すること。

制限時間 A：**3** 分	実施日	月　　日	得点	／5
制限時間 B：**5** 分	実施日	月　　日	得点	／5

$f'(1)$ を求めよ。

(1)　$f(x) = x^3 - 5x^2 + 2x$

(2)　$f(x) = 4x^2 - 6x + 1$

(3)　$f(x) = (3x - 1)^4$

(4)　$f(x) = (x^2 + x + 1)^3$

(5)　$f(x) = \sqrt{3x + 1}$

問題 15−1 解答

(1) **−5** (2) **2** (3) **96** (4) **81** (5) $\dfrac{3}{4}$

【参考】

(1) $f'(x) = 3x^2 - 10x + 2$

(2) $f'(x) = 8x - 6$

(3) $f'(x) = 12(3x - 1)^3$

(4) $f'(x) = 3(x^2 + x + 1)^2(2x + 1)$

(5) $f'(x) = \dfrac{3}{2\sqrt{3x + 1}}$

$f'(1)$ を求めよ。

(1)　$f(x) = (x^2 - 3x)^4$

(2)　$f(x) = \dfrac{1}{x+1}$

(3)　$f(x) = \dfrac{1}{x^2+1}$

(4)　$f(x) = \sqrt{2x+7}$

(5)　$f(x) = \sqrt{x^2+3}$

問題 15−2 解答

(1) **32** (2) $-\dfrac{1}{4}$ (3) $-\dfrac{1}{2}$ (4) $\dfrac{1}{3}$ (5) $\dfrac{1}{2}$

【参考】

(1) $f'(x) = 4(x^2 - 3x)^3(2x - 3)$

(2) $f'(x) = -\dfrac{1}{(x+1)^2}$

(3) $f'(x) = -\dfrac{2x}{(x^2+1)^2}$

(4) $f'(x) = \dfrac{1}{\sqrt{2x+7}}$

(5) $f'(x) = \dfrac{x}{\sqrt{x^2+3}}$

$f'\left(\dfrac{\pi}{2}\right)$ を求めよ。

(1)　$f(x) = x \sin x$

(2)　$f(x) = x^2 \cos x$

(3)　$f(x) = \sin 2x \cos x$

(4)　$f(x) = \sin \dfrac{x}{3}$

(5)　$f(x) = \sin^2 \dfrac{x}{3}$

問題 15−3 解答

(1) **1** (2) $-\dfrac{\pi^2}{4}$ (3) **0** (4) $\dfrac{\sqrt{3}}{6}$ (5) $\dfrac{\sqrt{3}}{6}$

【参考】

(1) $f'(x) = \sin x + x \cos x$

(2) $f'(x) = 2x \cos x - x^2 \sin x$

(3) $f'(x) = 2 \cos 2x \cos x - \sin 2x \sin x$

(4) $f'(x) = \dfrac{1}{3} \cos \dfrac{x}{3}$

(5) $f'(x) = \dfrac{2}{3} \sin \dfrac{x}{3} \cos \dfrac{x}{3}$

$f'(1)$ を求めよ。

(1)　$f(x) = \log(x + 2)$

(2)　$f(x) = \log(x^2 + 1)$

(3)　$f(x) = x \log(x + 1)$

(4)　$f(x) = x^2 \log(x + 2)$

(5)　$f(x) = \sqrt{x} \log(x + 1)$

問題 15−4 解答

(1) $\dfrac{1}{3}$　(2) 1　(3) $\log 2 + \dfrac{1}{2}$　(4) $2\log 3 + \dfrac{1}{3}$

(5) $\dfrac{1}{2}\log 2 + \dfrac{1}{2}$

【参考】

(1) $f'(x) = \dfrac{1}{x+2}$

(2) $f'(x) = \dfrac{2x}{x^2+1}$

(3) $f'(x) = \log(x+1) + \dfrac{x}{x+1}$

(4) $f'(x) = 2x\log(x+2) + \dfrac{x^2}{x+2}$

(5) $f'(x) = \dfrac{1}{2\sqrt{x}}\log(x+1) + \dfrac{\sqrt{x}}{x+1}$

問題	今週のテーマ	微分の計算						
15－5	1	2	3	4	**5**	6	7	

制限時間 A： **3** 分	実施日	月　日	得点	／5
制限時間 B： **5** 分	実施日	月　日	得点	／5

$f'(1)$ を求めよ。

(1)　$f(x) = e^{x^2}$

(2)　$f(x) = x^2 e^x$

(3)　$f(x) = e^x(x^2 + 3x)$

(4)　$f(x) = x^3 e^{-x}$

(5)　$f(x) = e^{2x}(x + 1)$

問題 15-5 解答

(1) $2e$ (2) $3e$ (3) $9e$ (4) $2e^{-1}$ (5) $5e^2$

【参考】

(1) $f'(x) = 2xe^{x^2}$

(2) $f'(x) = e^x(x^2 + 2x)$

(3) $f'(x) = e^x(x^2 + 5x + 3)$

(4) $f'(x) = e^{-x}(-x^3 + 3x^2)$

(5) $f'(x) = e^{2x}(2x + 3)$

$f'(1)$ を求めよ。

(1) $f(x) = \dfrac{1}{\sqrt{x}}$

(2) $f(x) = \dfrac{1}{\sqrt{2x+1}}$

(3) $f(x) = \sqrt[3]{x+7}$

(4) $f(x) = \sqrt[3]{x^2+1}$

(5) $f(x) = \dfrac{1}{(x+1)^3}$

問題 15−6 解答

(1) $-\dfrac{1}{2}$ (2) $-\dfrac{1}{3\sqrt{3}}$ (3) $\dfrac{1}{12}$ (4) $\dfrac{\sqrt[3]{2}}{3}$ (5) $-\dfrac{3}{16}$

【参考】

(1) $f'(x) = -\dfrac{1}{2\sqrt{x^3}}$

(2) $f'(x) = -\dfrac{1}{\sqrt{(2x+1)^3}}$

(3) $f'(x) = \dfrac{1}{3\sqrt[3]{(x+7)^2}}$

(4) $f'(x) = \dfrac{2x}{3\sqrt[3]{(x^2+1)^2}}$

(5) $f'(x) = -\dfrac{3}{(x+1)^4}$

制限時間 A：**3** 分	実施日	月　日	得点	／5
制限時間 B：**5** 分	実施日	月　日	得点	／5

$f'(1)$ を求めよ。

(1)　$f(x) = \dfrac{x}{x+1}$

(2)　$f(x) = \dfrac{x}{x^2+1}$

(3)　$f(x) = \dfrac{x^2+1}{x}$

(4)　$f(x) = e^{\frac{3}{x+2}}$

(5)　$f(x) = xe^{\frac{2}{x}}$

問題 15 – 7 解答

(1) $\dfrac{1}{4}$　(2) $\mathbf{0}$　(3) $\mathbf{0}$　(4) $-\dfrac{1}{3}e$　(5) $-e^2$

【参考】

(1) $f'(x) = \dfrac{1}{(x+1)^2}$

(2) $f'(x) = \dfrac{-x^2 + 1}{(x^2+1)^2}$

(3) $f'(x) = \dfrac{x^2 - 1}{x^2}$

[注]

この関数の場合は，一度

$$f(x) = x + \frac{1}{x}$$

のように変形してから微分すると簡単である。

(4) $f'(x) = -\dfrac{3}{(x+2)^2}\, e^{\frac{3}{x+2}}$

(5) $f'(x) = e^{\frac{2}{x}} \left(1 - \dfrac{2}{x} \right)$

暗算で求める定積分

目標 簡単な定積分については, 暗算で結果を求められるようにする。

■ 革命計算法
Revolutionary Technique

[1] 定数の積分

定数 c を区間 $[a,b]$ で積分すると,

$$\int_a^b c\,dx = c(b-a)$$

となるが, これは,

$$\int_a^b (定数)\,dx = (定数) \times (区間の長さ)$$

と考えられる。$\int_a^b c\,dx = \Big[\,cx\,\Big]_a^b$ としてから計算するのではなく, 簡単に解決するようにしよう。

例1

$$\int_1^4 5\,dx = 5(4-1) = 15$$

[2] $\displaystyle\int_0^1 x^n\,dx = \dfrac{1}{n+1} \quad (n > 0)$

定積分 $\displaystyle\int_0^1 x^n\,dx\ (n > 0)$ は頻繁に現れる定積分の一つである。

$$\int_0^1 x^n\,dx = \Big[\,\frac{1}{n+1}x^{n+1}\,\Big]_0^1 = \frac{1}{n+1}$$

であるが, これを

$$\int_0^1 x^n\,dx = \frac{1}{n+1}$$

のように直接求めたい。

例2

$$\int_0^1 (x^3 + 4x^2 + 5x - 2)\,dx = \frac{1}{4} + 4 \cdot \frac{1}{3} + 5 \cdot \frac{1}{2} - 2 = \frac{25}{12}$$

3 偶関数と奇関数の積分

定義域内のすべての x で $f(-x) = f(x)$ が成り立つとき，$f(x)$ は**偶関数**であるという。$f(x)$ が偶関数で区間 $[-a, a]$ $(a > 0)$ において $f(x)$ が連続であるとき，

$$\int_{-a}^{a} f(x)\,dx = 2\int_{0}^{a} f(x)\,dx$$

が成り立つ。

また，定義域内のすべての x で $f(-x) = -f(x)$ が成り立つとき，$f(x)$ は**奇関数**であるという。$f(x)$ が奇関数で区間 $[-a, a]$ $(a > 0)$ において $f(x)$ が連続であるとき，

$$\int_{-a}^{a} f(x)\,dx = 0$$

である。

例3

(1)　$f(x) = x^2 + 4$ は偶関数である。したがって，

$$\int_{-1}^{1} (x^2 + 4)\,dx = 2\int_{0}^{1} (x^2 + 4)\,dx = 2\left(\frac{1}{3} + 4\right)$$
$$= \frac{26}{3}$$

である。

(2)　$f(x) = x^3 + 3x$ は奇関数である。したがって，

$$\int_{-2}^{2} (x^3 + 3x)\,dx = 0$$

である。

(3)　$\displaystyle\int_{-2}^{2} (x^5 + 3x^4 + 3x^3 + 1)\,dx = \int_{-2}^{2} \underbrace{(x^5 + 3x^3)}_{\text{奇関数}}\,dx + \int_{-2}^{2} \underbrace{(3x^4 + 1)}_{\text{偶関数}}\,dx$

$$= 2\int_{0}^{2} (3x^4 + 1)\,dx$$
$$= 2\left(\frac{3}{5}\cdot 2^5 + 2\right)$$
$$= \frac{212}{5}$$

(4)　$\displaystyle\int_{-1}^{1} \frac{x^2 + 4x + 4}{x^2 + 4}\,dx = \int_{-1}^{1} \frac{(x^2 + 4) + 4x}{x^2 + 4}\,dx$

$$= \int_{-1}^{1} \left(1 + \underbrace{\frac{4x}{x^2 + 4}}_{\text{奇関数}}\right)dx$$

$$= \int_{-1}^{1} 1 \, dx$$
$$= 1 \cdot 2 \qquad \text{(← (定数) × (区間の長さ))}$$
$$= 2$$

［注］

これらの計算を 1 行あるいは 2 行程度で終われるような暗算力でありたい。

4 周期をもつ関数の積分

$\sin x, \cos x$ は 1 周期だけ積分をすると 0 になる。この性質を用いると，

$$\int_{0}^{2\pi} \sin x \, dx = 0, \qquad \int_{0}^{2\pi} \cos x \, dx = 0$$

であり，さらに，

$$\int_{0}^{6\pi} \sin x \, dx = 0 \quad \text{(3 周期分の積分)}$$

$$\int_{\alpha}^{\alpha+2\pi} \cos x \, dx = 0 \quad \text{(1 周期分の積分)}$$

などが成り立つことも示される。

5 $f(\square) \times \square'$ 型の関数の積分

連続な関数 $f(x)$ の原始関数を $F(x)$ とおくと，$\square$ を微分可能な x の関数とするとき，(以下，C は積分定数として)

$$\int f(\square) \times \square' \, dx = F(\square) + C$$

であるから，積分される関数 (被積分関数) が $f(\square) \times \square'$ の形である場合は，その形であることに気がつくと簡単に積分ができる。具体的には，

$$\int \square^n \times \square' \, dx = \frac{1}{n+1} \square^{n+1} + C \quad (n \neq -1)$$

$$\int \frac{\square'}{\square} \, dx = \log |\square| + C$$

などがある。

例4

(1) 不定積分 $\displaystyle\int \sin^4 x \cos x \, dx$ については $(\sin x)^4 \times (\sin x)'$ の積分であると見て，

$$\int \sin^4 x \cos x \, dx = \frac{1}{5} \sin^5 x + C$$

となる。

(2) 不定積分 $\displaystyle\int \frac{x}{x^2+1}\,dx$ については, $\displaystyle\frac{x}{x^2+1} = \frac{1}{2}\cdot\frac{(x^2+1)'}{x^2+1}$ と見て,

$$\int \frac{x}{x^2+1}\,dx = \frac{1}{2}\log(x^2+1) + C$$

となる。

制限時間 A： **5** 分	実施日	月　日	得点	╱5
制限時間 B： **9** 分	実施日	月　日	得点	╱5

次の定積分を求めよ。

(1) $\displaystyle\int_0^1 (x^3 + x^2 + 1)\, dx$

(2) $\displaystyle\int_0^1 (3x^5 + 2x^3 + x)\, dx$

(3) $\displaystyle\int_{-1}^1 (x^7 + 2x^6 + 3x^5)\, dx$

(4) $\displaystyle\int_{-1}^1 (1 + x)(1 + x^2)\, dx$

(5) $\displaystyle\int_{-1}^1 (x + 2x^2 + 3x^3)(3 + 5x^2)\, dx$

問題 16−1 解答

(1) $\dfrac{19}{12}$ (2) $\dfrac{3}{2}$ (3) $\dfrac{4}{7}$ (4) $\dfrac{8}{3}$ (5) 8

【参考】

(1) $\displaystyle\int_0^1 (x^3 + x^2 + 1)\, dx = \dfrac{1}{4} + \dfrac{1}{3} + 1$

$$= \dfrac{19}{12}$$

(2) $\displaystyle\int_0^1 (3x^5 + 2x^3 + x)\, dx = \dfrac{1}{2} + \dfrac{1}{2} + \dfrac{1}{2}$

$$= \dfrac{3}{2}$$

(3) $\displaystyle\int_{-1}^1 (x^7 + 2x^6 + 3x^5)\, dx = 2\int_0^1 2x^6\, dx$

$$= \dfrac{4}{7}$$

(4) $\displaystyle\int_{-1}^1 (1+x)(1+x^2)\, dx = 2\int_0^1 (1+x^2)\, dx = 2\left(1 + \dfrac{1}{3}\right)$

$$= \dfrac{8}{3}$$

(5) $\displaystyle\int_{-1}^1 (x + 2x^2 + 3x^3)(3 + 5x^2)\, dx = 2\int_0^1 (6x^2 + 10x^4)\, dx$

$$= 2(2 + 2)$$

$$= 8$$

制限時間 A：**5** 分	実施日	月 日	得点	／5
制限時間 B：**9** 分	実施日	月 日	得点	／5

次の定積分を求めよ。

(1) $\displaystyle\int_0^2 x^3 \, dx$

(2) $\displaystyle\int_0^3 (x^2 - 1) \, dx$

(3) $\displaystyle\int_{-3}^3 (x^2 + 1) \, dx$

(4) $\displaystyle\int_{-2}^2 (x^3 - 5x^2 + x) \, dx$

(5) $\displaystyle\int_{-2}^2 (x + 1)(x^3 + 1) \, dx$

問題 16−2 解答

(1) **4**　(2) **6**　(3) **24**　(4) $-\dfrac{80}{3}$　(5) $\dfrac{84}{5}$

【参考】

(1) $\displaystyle\int_0^2 x^3\,dx = \dfrac{1}{4}\cdot 2^4$

$\qquad\qquad\quad = 4$

(2) $\displaystyle\int_0^3 (x^2-1)\,dx = \dfrac{1}{3}\cdot 3^3 - 3$

$\qquad\qquad\qquad\quad = 6$

(3) $\displaystyle\int_{-3}^3 (x^2+1)\,dx = 2\int_0^3 (x^2+1)\,dx$

$\qquad\qquad\qquad\quad = 2\left(\dfrac{1}{3}\cdot 3^3 + 3\right)$

$\qquad\qquad\qquad\quad = 24$

(4) $\displaystyle\int_{-2}^2 (x^3-5x^2+x)\,dx = 2\int_0^2 (-5x^2)\,dx$

$\qquad\qquad\qquad\qquad\quad = 2\left(-\dfrac{5}{3}\right)\cdot 2^3$

$\qquad\qquad\qquad\qquad\quad = -\dfrac{80}{3}$

(5) $\displaystyle\int_{-2}^2 (x+1)(x^3+1)\,dx = 2\int_0^2 (x^4+1)\,dx$

$\qquad\qquad\qquad\qquad\quad = 2\left(\dfrac{1}{5}\cdot 2^5 + 2\right)$

$\qquad\qquad\qquad\qquad\quad = \dfrac{84}{5}$

制限時間 A： **5** 分	実施日　　　月　　　日	得点　　／5
制限時間 B： **9** 分	実施日　　　月　　　日	得点　　／5

次の定積分を求めよ。

(1) $\displaystyle\int_0^{\pi} \sin^2 x \, dx$

(2) $\displaystyle\int_0^{2\pi} (\cos x - \sin x)^2 \, dx$

(3) $\displaystyle\int_0^{\frac{\pi}{2}} \sin^2 x \cos x \, dx$

(4) $\displaystyle\int_0^{\frac{\pi}{2}} \sin^4 x \, dx$

(5) $\displaystyle\int_0^{\frac{\pi}{2}} (\sin^2 x + \cos x)^2 \, dx$

問題 16−3 解答

(1) $\dfrac{\pi}{2}$ (2) 2π (3) $\dfrac{1}{3}$ (4) $\dfrac{3}{16}\pi$ (5) $\dfrac{7}{16}\pi + \dfrac{2}{3}$

【参考】

(1)
$$\int_0^\pi \sin^2 x \, dx = \int_0^\pi \frac{1 - \cos 2x}{2} \, dx = \frac{1}{2} \cdot \pi$$
$$= \frac{\pi}{2}$$

[注]

    $\cos 2x$ の周期は π であるから $\displaystyle\int_0^\pi \cos 2x \, dx = 0$ であることに注意。

(2)
$$\int_0^{2\pi} (\cos x - \sin x)^2 \, dx = \int_0^{2\pi} (\cos^2 x - \underbrace{2 \sin x \cos x}_{\sin 2x} + \sin^2 x) \, dx$$
$$= 1 \cdot 2\pi$$
$$= 2\pi$$

(3)
$$\int_0^{\frac{\pi}{2}} \sin^2 x \cos x \, dx = \left[\frac{1}{3} \sin^3 x \right]_0^{\frac{\pi}{2}}$$
$$= \frac{1}{3}$$

(4)
$$\int_0^{\frac{\pi}{2}} \sin^4 x \, dx = \int_0^{\frac{\pi}{2}} \left(\frac{1 - \cos 2x}{2} \right)^2 \, dx$$
$$= \frac{1}{4} \int_0^{\frac{\pi}{2}} (1 - 2 \cos 2x + \underbrace{\cos^2 2x}_{\frac{1+\cos 4x}{2}}) \, dx$$
$$= \frac{1}{4} \cdot \frac{3}{2} \cdot \frac{\pi}{2}$$
$$= \frac{3}{16}\pi$$

(5)
$$\int_0^{\frac{\pi}{2}} (\sin^2 x + \cos x)^2 \, dx = \int_0^{\frac{\pi}{2}} (\sin^4 x + 2 \sin^2 x \cos x + \cos^2 x) \, dx$$
$$= \frac{3}{16}\pi + 2 \cdot \frac{1}{3} + \int_0^{\frac{\pi}{2}} \frac{1 + \cos 2x}{2} \, dx \qquad (\leftarrow (3), (4) \text{ を用いた})$$
$$= \frac{3}{16}\pi + \frac{2}{3} + \frac{\pi}{4} = \frac{7}{16}\pi + \frac{2}{3}$$

280

制限時間 A：**5** 分	実施日　　月　　日	得点　　／5
制限時間 B：**9** 分	実施日　　月　　日	得点　　／5

次の定積分を求めよ。

(1) $\displaystyle\int_0^\pi \cos^2 2x \, dx$

(2) $\displaystyle\int_{-\pi}^\pi \sin 2x \cos x \, dx$

(3) $\displaystyle\int_{-\pi}^\pi (\sin 2x + \cos x)^2 \, dx$

(4) $\displaystyle\int_0^{2\pi} (1 + \sin x)^2 \, dx$

(5) $\displaystyle\int_0^\pi (1 - \cos 2x)^2 \, dx$

問題 16−4 解答

(1) $\dfrac{\pi}{2}$ (2) $\mathbf{0}$ (3) $\mathbf{2\pi}$ (4) $\mathbf{3\pi}$ (5) $\dfrac{3}{2}\pi$

【参考】

(1) $\displaystyle\int_0^\pi \cos^2 2x\,dx = \int_0^\pi \dfrac{1+\cos 4x}{2}\,dx = \dfrac{\pi}{2}$

(2) $\displaystyle\int_{-\pi}^\pi \sin 2x \cos x\,dx = 0$

[注]

$\sin 2x \cos x$ は奇関数

(3) $\displaystyle\int_{-\pi}^\pi (\sin 2x + \cos x)^2\,dx = 2\int_0^\pi (\sin^2 2x + \cos^2 x)\,dx$

$$= 2\int_0^\pi \left(\dfrac{1-\cos 4x}{2} + \dfrac{1+\cos 2x}{2} \right)\,dx$$

$$= 2\pi$$

(4) $\displaystyle\int_0^{2\pi} (1+\sin x)^2\,dx = \int_0^{2\pi} (1 + 2\sin x + \underbrace{\sin^2 x}_{\frac{1-\cos 2x}{2}})\,dx$

$$= \dfrac{3}{2} \cdot 2\pi$$

$$= 3\pi$$

(5) $\displaystyle\int_0^\pi (1-\cos 2x)^2\,dx = \int_0^\pi (1 - 2\cos 2x + \underbrace{\cos^2 2x}_{\frac{1+\cos 4x}{2}})\,dx$

$$= \dfrac{3}{2}\pi$$

問題	今週のテーマ						
16－5	**暗算で求める定積分**						
	1	2	3	4	**5**	6	7

制限時間 A：5 分	実施日	月　日	得点	／5
制限時間 B：9 分	実施日	月　日	得点	／5

次の定積分を求めよ。

(1) $\displaystyle\int_0^1 \frac{1}{x+1}\,dx$

(2) $\displaystyle\int_0^1 \frac{x}{x^2+1}\,dx$

(3) $\displaystyle\int_0^1 \frac{x^2}{x^3+1}\,dx$

(4) $\displaystyle\int_0^1 \frac{x+2}{x^2+4x+1}\,dx$

(5) $\displaystyle\int_{-1}^1 \frac{(x+1)^2}{x^2+1}\,dx$

問題 16 − 5 解答

(1) $\log 2$ (2) $\dfrac{1}{2}\log 2$ (3) $\dfrac{1}{3}\log 2$ (4) $\dfrac{1}{2}\log 6$ (5) 2

【参考】

(1) $\displaystyle\int_0^1 \dfrac{1}{x+1}\,dx = \Big[\log|x+1|\Big]_0^1$

$\qquad\qquad\qquad\quad = \log 2$

(2) $\displaystyle\int_0^1 \dfrac{x}{x^2+1}\,dx = \Big[\dfrac{1}{2}\log(x^2+1)\Big]_0^1$

$\qquad\qquad\qquad\quad = \dfrac{1}{2}\log 2$

［注］

$\dfrac{x}{x^2+1} = \dfrac{1}{2}\cdot\dfrac{(x^2+1)'}{x^2+1}$ と見て $\displaystyle\int \dfrac{\Box'}{\Box}\,dx = \log|\Box| + C$ を用いる。

(3) $\displaystyle\int_0^1 \dfrac{x^2}{x^3+1}\,dx = \Big[\dfrac{1}{3}\log|x^3+1|\Big]_0^1$

$\qquad\qquad\qquad\quad = \dfrac{1}{3}\log 2$

(4) $\displaystyle\int_0^1 \dfrac{x+2}{x^2+4x+1}\,dx = \Big[\dfrac{1}{2}\log|x^2+4x+1|\Big]_0^1$

$\qquad\qquad\qquad\qquad\quad = \dfrac{1}{2}\log 6$

(5) $\displaystyle\int_{-1}^1 \dfrac{(x+1)^2}{x^2+1}\,dx = \int_{-1}^1 \dfrac{x^2+2x+1}{x^2+1}\,dx$

$\qquad\qquad\qquad\quad = \displaystyle\int_{-1}^1 \Big(1 + \underbrace{\dfrac{2x}{x^2+1}}_{\text{奇関数}}\Big)\,dx$

$\qquad\qquad\qquad\quad = 1\cdot 2 \qquad\qquad\qquad (\leftarrow \text{(定数)} \times \text{(積分区間の長さ)})$

$\qquad\qquad\qquad\quad = 2$

次の定積分を求めよ。

(1) $\displaystyle\int_0^{\frac{\pi}{2}} (\sin^3 x + 2\sin x)\cos x \, dx$

(2) $\displaystyle\int_1^e \{(\log x)^3 + 2\log x\}\frac{1}{x}\, dx$

(3) $\displaystyle\int_0^{\frac{\pi}{4}} \tan^2 x(\tan^2 x + 1)\, dx$

(4) $\displaystyle\int_0^{\frac{\pi}{2}} \frac{\cos x}{\sin x + 1}\, dx$

(5) $\displaystyle\int_0^1 x\sqrt{x^2 + 1}\, dx$

問題 16−6 解答

(1) $\dfrac{5}{4}$ (2) $\dfrac{5}{4}$ (3) $\dfrac{1}{3}$ (4) $\log 2$ (5) $\dfrac{1}{3}(2\sqrt{2}-1)$

【参考】

(1) $\displaystyle\int_0^{\frac{\pi}{2}} (\sin^3 x + 2\sin x)\cos x\,dx = \left[\dfrac{1}{4}\sin^4 x + \sin^2 x\right]_0^{\frac{\pi}{2}} = \dfrac{1}{4} + 1$

$$= \dfrac{5}{4}$$

(2) $\displaystyle\int_1^e \{(\log x)^3 + 2\log x\}\dfrac{1}{x}\,dx = \left[\dfrac{1}{4}(\log x)^4 + (\log x)^2\right]_1^e$

$$= \dfrac{5}{4}$$

(3) $\displaystyle\int_0^{\frac{\pi}{4}} \tan^2 x(\tan^2 x + 1)\,dx = \int_0^{\frac{\pi}{4}} \tan^2 x(\tan x)'\,dx$

$$= \left[\dfrac{1}{3}\tan^3 x\right]_0^{\frac{\pi}{4}}$$

$$= \dfrac{1}{3}$$

(4) $\displaystyle\int_0^{\frac{\pi}{2}} \dfrac{\cos x}{\sin x + 1}\,dx = \left[\log|\sin x + 1|\right]_0^{\frac{\pi}{2}}$

$$= \log 2$$

(5) $\displaystyle\int_0^1 x\sqrt{x^2 + 1}\,dx = \left[\dfrac{1}{3}\sqrt{(x^2 + 1)^3}\right]_0^1$

$$= \dfrac{1}{3}(2\sqrt{2} - 1)$$

次の定積分を求めよ。

(1) $\displaystyle \int_0^{\frac{\pi}{2}} (\sin^4 x + 3\sin^2 x + \sin x)\cos x\, dx$

(2) $\displaystyle \int_0^{2\pi} (\cos x + 1)(\sin x + 1)\, dx$

(3) $\displaystyle \int_{-1}^1 \frac{e^x - e^{-x} + x}{e^x + e^{-x} + 1}\, dx$

(4) $\displaystyle \int_{-\pi}^{\pi} (x^2 - \sin x)^2\, dx$

(5) $\displaystyle \int_{-1}^1 (x^3 + 2\cos \pi x)^2\, dx$

問題 16−7 解答

(1) $\dfrac{17}{10}$ (2) 2π (3) 0 (4) $\dfrac{2}{5}\pi^5 + \pi$ (5) $\dfrac{30}{7}$

【参考】

(1) $\displaystyle\int_0^{\frac{\pi}{2}} (\sin^4 x + 3\sin^2 x + \sin x)\cos x\,dx = \left[\dfrac{1}{5}\sin^5 x + \sin^3 x + \dfrac{1}{2}\sin^2 x\right]_0^{\frac{\pi}{2}}$

$$= \dfrac{1}{5} + 1 + \dfrac{1}{2} = \dfrac{17}{10}$$

(2) $\displaystyle\int_0^{2\pi} (\cos x + 1)(\sin x + 1)\,dx = \int_0^{2\pi} (\underbrace{\sin x \cos x}_{\frac{1}{2}\sin 2x} + \sin x + \cos x + 1)\,dx$

$$= 1 \cdot 2\pi$$

$$= 2\pi$$

(3) $\displaystyle\int_{-1}^1 \dfrac{e^x - e^{-x} + x}{e^x + e^{-x} + 1}\,dx = 0$

［注］

$e^x - e^{-x} + x$ は奇関数, $e^x + e^{-x} + 1$ は偶関数であるから, $\dfrac{e^x - e^{-x} + x}{e^x + e^{-x} + 1}$ は奇関数である。したがって, この関数を -1 から 1 まで積分すると 0 になる。

(4) $\displaystyle\int_{-\pi}^{\pi} (x^2 - \sin x)^2\,dx = \int_{-\pi}^{\pi} (x^4 - 2x^2\sin x + \sin^2 x)\,dx$

$$= 2\int_0^{\pi} (x^4 + \underbrace{\sin^2 x}_{\frac{1-\cos 2x}{2}})\,dx = 2\left(\dfrac{\pi^5}{5} + \dfrac{1}{2}\cdot\pi\right)$$

$$= \dfrac{2}{5}\pi^5 + \pi$$

(5) $\displaystyle\int_{-1}^1 (x^3 + 2\cos\pi x)^2\,dx = \int_{-1}^1 (x^6 + 4x^3\cos\pi x + 4\cos^2\pi x)\,dx$

$$= 2\int_0^1 \{x^6 + 2(1 + \cos 2\pi x)\}\,dx = 2\left(\dfrac{1}{7} + 2\right)$$

$$= \dfrac{30}{7}$$

瞬間部分積分

目標 簡単な部分積分の計算を短く処理する方法を覚え, 実戦で活かせるように慣れておく。

革命計算法
Revolutionary Technique

　ここで説明する方法は部分積分法を用いて計算できる積分の中で比較的簡単なものに対して有効である。この方法は「瞬間部分積分」と呼ばれることもあるので, 本書でもそのように呼ぶことにする。この方法をまずは具体的な関数の積分で説明しよう。以下, C は積分定数とする。

例1

$\displaystyle\int x \cos x \, dx$ を求めたい。

　目指すは $(\quad ?? \quad)' = x \cos x$ となる $(\quad ?? \quad)$ である。それでは, 何を微分すると $x \cos x$ が現れるかというと,

$$x \sin x \text{ を微分すると, その一部として } x \cos x \text{ が現れる}$$

とにらんで,

$$\int x \cos x \, dx = x \sin x + \cdots$$

まで書いてみる。

　しかし, 右辺の $x \sin x$ を微分したら $x \cos x$ だけではなく他に余分な項が出てきてしまうので

$$\int x \cos x \, dx = x \sin x + \cdots$$

↓微分

$$\underbrace{x \cos x}_{\substack{\text{これだけで} \\ \text{いいのに}}} + \underbrace{\sin x}_{\text{これが余分}}$$

そこで, 微分すると $\sin x$ となる関数を引く。

$$\int x \cos x \, dx = x \sin x \quad - \quad \boxed{???}$$

$$\underbrace{\overbrace{x \cos x}^{\downarrow \text{微分}} + \overbrace{\sin x}}_{} \quad \uparrow \text{積分} \\ - \sin x$$

これだけで　これが余分
いいのに

つまり，$-\cos x$ を引く。

$$\int x \cos x \, dx = x \sin x \quad - \quad (-\cos x) + C$$

$$\underbrace{x \cos x}_{} + \underbrace{\sin x}_{} \quad \uparrow \text{積分} \\ - \sin x$$

↓微分

これだけで　これが余分
いいのに

こうすると，微分すると $x \cos x$ になる関数が見つかる。

$$\int x \cos x \, dx = \underbrace{x \sin x - (-\cos x)}_{\downarrow \text{微分}} + C$$

$$\left(\, x \cos x = (x \cos x + \sin x) - \sin x \, \right)$$

できあがり。最終的には次のように 1 行で書かれた式が残る。

$$\int x \cos x \, dx = x \sin x + \cos x + C$$

[注]

　簡単にいうと，まず微分して $x \cos x$ が現れる関数を書いてみて，後から余分な部分が消えるように調整するという方法である。

例2

$\int (2x + 1) \sin 3x \, dx$ を求める。

1. まず，微分すると $(2x + 1) \sin 3x$ が現れるような関数を書く。

$$\int (2x+1)\sin 3x\,dx = -\frac{1}{3}(2x+1)\cos 3x + \cdots$$

2. ところが, 右辺の $-\frac{1}{3}(2x+1)\cos 3x$ を微分したら余計な項まででてきてしまう。

$$\int (2x+1)\sin 3x\,dx = -\frac{1}{3}(2x+1)\cos 3x + \cdots$$
↓ 微分
$$(2x+1)\sin 3x - \underbrace{\frac{2}{3}\cos 3x}_{\text{余分な項}}$$

3. そこで, 微分したら $-\frac{2}{3}\cos 3x$ になる関数を引く。

$$\int (2x+1)\sin 3x\,dx = -\frac{1}{3}(2x+1)\cos 3x + \cdots$$
↓ 微分　　　　　　　　　↑ 積分
$$\left\{(2x+1)\sin 3x - \underbrace{\frac{2}{3}\cos 3x}_{\text{余分な項}}\right\} - \left(-\frac{2}{3}\cos 3x\right)$$

4. つまり, $-\frac{2}{9}\sin 3x$ を引く。

$$\int (2x+1)\sin 3x\,dx = -\frac{1}{3}(2x+1)\cos 3x - \left(-\frac{2}{9}\sin 3x\right) + C$$
↓ 微分　　　　　　　　　↑ 積分
$$\left\{(2x+1)\sin 3x - \underbrace{\frac{2}{3}\cos 3x}_{\text{余分な項}}\right\} - \left(-\frac{2}{3}\cos 3x\right)$$

5. こうすると, 微分して $(2x+1)\sin 3x$ になる関数が見つかる。

$$\int (2x+1)\sin 3x\,dx = -\frac{1}{3}(2x+1)\cos 3x + \frac{2}{9}\sin 3x + C$$
↓ 微分
$$\left\{(2x+1)\sin 3x = \left((2x+1)\sin 3x - \frac{2}{3}\cos 3x\right) - \left(-\frac{2}{3}\cos 3x\right)\right\}$$

6. できあがり。最終的には次の式だけが残る。

$$\int (2x+1)\sin 3x\,dx = -\frac{1}{3}(2x+1)\cos 3x + \frac{2}{9}\sin 3x + C$$

例3

$\displaystyle\int x^2 \log x\,dx$ を求める。

1. まず, 微分すると $x^2 \log x$ が現れるような関数を書く。

$$\int x^2 \log x\,dx = \frac{1}{3}x^3 \log x + \cdots$$

2. 右辺の $\dfrac{1}{3}x^3 \log x$ を微分すると

$$\left(\frac{1}{3}x^3 \log x\right)' = x^2 \log x + \frac{1}{3}x^3 \cdot \frac{1}{x} = x^2 \log x + \frac{1}{3}x^2$$

となり, $\dfrac{1}{3}x^2$ が余分である。

$$\int x^2 \log x\,dx = \frac{1}{3}x^3 \log x + \cdots$$
$$\downarrow 微分$$
$$\left(x^2 \log x + \underbrace{\frac{1}{3}x^2}_{余分な項}\right)$$

3. そこで, 微分すると $\dfrac{1}{3}x^2$ となる項を右辺から引く。このような項は $\dfrac{1}{3}x^2$ を積分した関数 (の 1 つ) の $\dfrac{1}{9}x^3$ である。

$$\int x^2 \log x\,dx = \frac{1}{3}x^3 \log x \qquad -\frac{1}{9}x^3 + C$$
$$\downarrow 微分 \qquad\qquad \uparrow 積分$$
$$\left(x^2 \log x + \underbrace{\frac{1}{3}x^2}_{余分な項}\right) - \frac{1}{3}x^2$$

4. これで, 不定積分が求められる。このようにして次の式が完成する。

$$\int x^2 \log x \, dx = \frac{1}{3} x^3 \log x - \frac{1}{9} x^3 + C$$

この計算方法に慣れてしまえば, 簡単なものなら 30 秒もあれば部分積分の計算は終わるようになる。なお, 不定積分が計算できるのだから, 定積分も同じように求めることができる。

$$\int_0^{\frac{\pi}{2}} x \sin 2x \, dx = \left[-\frac{1}{2} x \cos 2x + \frac{1}{4} \sin 2x \right]_0^{\frac{\pi}{2}} = \frac{\pi}{4}$$

次に,「通常の部分積分」では 2 回 (部分積分の) 操作が必要なものをこの方法 (瞬間部分積分) で計算してみよう。このような積分は (瞬間部分積分で行っても) 間違えやすいので, 試験中に無理にこの方法にこだわる必要はない (試験中は安全な方法をとってほしい)。

例4

$\int x^2 \cos x \, dx$ を求める。

1. まず, 微分すると $x^2 \cos x$ が現れる関数を書く。

$$\int x^2 \cos x \, dx = x^2 \sin x \quad + \cdots \cdots$$

2. このままでは, 右辺を微分すると $x^2 \cos x + 2x \sin x$ となり, $2x \sin x$ が余分である。

$$\int x^2 \cos x \, dx = x^2 \sin x \quad - \left(\begin{array}{l} \text{ここに「微分すると } 2x \sin x \\ \text{となる関数」を書く} \end{array} \right)$$
$$\downarrow \text{微分}$$
$$(x^2 \cos x + \underbrace{2x \sin x}_{\text{これが余分}})$$

3. 次に, 微分すると $x \sin x$ (または $2x \sin x$) となる関数を求める。したがって, この積分の場合はここからもう一度瞬間部分積分を行うことになる。

微分すると $x \sin x$ が現れるような関数の 1 つは $-x \cos x$ なので[6], まず $-x \cos x$ を書いておく。

---

[6] $(-x \cos x)' = x \sin x - \cos x$ であるから, $-x \cos x$ を微分すると $x \sin x$ が現れる。

$$\int x^2 \cos x \, dx = x^2 \sin x \quad - 2(-x\cos x + \cdots\cdots)$$

$$\downarrow \text{微分}$$

$$(x^2 \cos x + \underbrace{2x\sin x}_{\text{これが余分}})$$

4. ところが，今度は $(-x\cos x)$ を微分すると $x\sin x - \cos x$ となり余分な $-\cos x$ が現れるからそれが消えるように，「微分すると $+\cos x$ になる関数」を追加しておく。

$$
\overset{\text{これが余分}}{x\sin x \overbrace{-\cos x}} \quad
\begin{pmatrix} \text{余分な} -\cos x \text{ が消} \\ \text{えるように加える} \end{pmatrix}
$$

$$\uparrow \text{微分} \qquad \downarrow$$

$$\int x^2 \cos x \, dx = x^2 \sin x \quad - 2(-x\cos x \quad + \sin x) + C$$

$$\downarrow \text{微分}$$

$$(x^2 \cos x + \underbrace{2x\sin x}_{\text{これが余分}})$$

5. 後は，ここまでの計算を整理して次のようになる。

$$\int x^2 \cos x \, dx = (x^2 - 2)\sin x + 2x\cos x + C$$

次の不定積分を求めよ。

(1) $\displaystyle\int x \cos x \, dx$

(2) $\displaystyle\int x \cos 2x \, dx$

(3) $\displaystyle\int x \cos 3x \, dx$

(4) $\displaystyle\int x \sin x \, dx$

(5) $\displaystyle\int x \sin 4x \, dx$

問題 17−1 解答

(1) $x \sin x + \cos x + C$

(2) $\dfrac{1}{2} x \sin 2x + \dfrac{1}{4} \cos 2x + C$

(3) $\dfrac{1}{3} x \sin 3x + \dfrac{1}{9} \cos 3x + C$

(4) $-x \cos x + \sin x + C$

(5) $-\dfrac{1}{4} x \cos 4x + \dfrac{1}{16} \sin 4x + C$

C は積分定数である。

次の不定積分を求めよ。

(1) $\displaystyle\int 2x \log x \, dx$

(2) $\displaystyle\int 3x^2 \log x \, dx$

(3) $\displaystyle\int (2x + 1) \log x \, dx$

(4) $\displaystyle\int x^3 \log x \, dx$

(5) $\displaystyle\int 2x \log(x + 1) \, dx$

問題 17-2 解答

(1) $x^2 \log x - \dfrac{1}{2} x^2 + C$

(2) $x^3 \log x - \dfrac{1}{3} x^3 + C$

(3) $(x^2 + x) \log x - \left(\dfrac{1}{2} x^2 + x \right) + C$

(4) $\dfrac{1}{4} x^4 \log x - \dfrac{1}{16} x^4 + C$

(5) $(x^2 - 1) \log(x + 1) - \left(\dfrac{1}{2} x^2 - x \right) + C$

C は積分定数である。

[注]

(5) では「微分すると $2x \log(x+1)$ が現れる関数」を

$$x^2 \log(x+1) \qquad \text{ではなく} \qquad (x^2 - 1) \log(x+1)$$

と考えると後の計算が楽になる。

$$\int 2x \log(x+1) \, dx = (x^2 - 1) \log(x+1) \quad - \left(\frac{1}{2} x^2 - x \right) + C$$

$$\underbrace{\qquad\qquad\qquad\qquad}_{}$$
$\downarrow$ 微分 $\qquad\qquad\qquad$ $\uparrow$ 積分

$$\underbrace{2x \log(x+1) + (x-1)}_{\text{(余分)}} \ - (x - 1)$$

このことが思いつかなければ次のようになる。

$$\int 2x \log(x+1) \, dx = x^2 \log(x+1) \quad - \left(\frac{1}{2} x^2 - x + \log(x+1) \right) + C$$

$\downarrow$ 微分 $\qquad\qquad\qquad$ $\uparrow$ 積分 $\leftarrow\lnot$

$$\underbrace{2x \log(x+1) + \frac{x^2}{x+1}}_{\text{(余分)}} \ - \frac{x^2}{x+1}$$

$$\boxed{\dfrac{x^2}{x+1} = \dfrac{x^2 - 1 + 1}{x+1} = x - 1 + \dfrac{1}{x+1}}$$
と考えて積分

制限時間 A： 3 分	実施日　　　月　　日	得点　／5
制限時間 B： 6 分	実施日　　　月　　日	得点　／5

次の不定積分を求めよ。

(1) $\displaystyle \int x \cos^2 x \, dx$

(2) $\displaystyle \int 2x \sin x \cos x \, dx$

(3) $\displaystyle \int 2x \sin^2 x \, dx$

(4) $\displaystyle \int 2x \cos^2 2x \, dx$

(5) $\displaystyle \int x \sin^2 3x \, dx$

問題 17−3 解答

(1) $\dfrac{1}{2}\left(\dfrac{1}{2}x^2 + \dfrac{1}{2}x\sin 2x + \dfrac{1}{4}\cos 2x\right) + C$

(2) $-\dfrac{1}{2}x\cos 2x + \dfrac{1}{4}\sin 2x + C$

(3) $\dfrac{1}{2}x^2 - \dfrac{1}{2}x\sin 2x - \dfrac{1}{4}\cos 2x + C$

(4) $\dfrac{1}{2}x^2 + \dfrac{1}{4}x\sin 4x + \dfrac{1}{16}\cos 4x + C$

(5) $\dfrac{1}{2}\left(\dfrac{1}{2}x^2 - \dfrac{1}{6}x\sin 6x - \dfrac{1}{36}\cos 6x\right) + C$

C は積分定数である。

【参考】

(1) $\displaystyle\int x\cos^2 x\,dx = \dfrac{1}{2}\int x(1 + \cos 2x)\,dx$

$\qquad\qquad = \dfrac{1}{2}\left(\dfrac{1}{2}x^2 + \dfrac{1}{2}x\sin 2x + \dfrac{1}{4}\cos 2x\right) + C$

(2) $\displaystyle\int 2x\sin x\cos x\,dx = \int x\sin 2x\,dx$

$\qquad\qquad = -\dfrac{1}{2}x\cos 2x + \dfrac{1}{4}\sin 2x + C$

(3) $\displaystyle\int 2x\sin^2 x\,dx = \int x(1 - \cos 2x)\,dx$

$\qquad\qquad = \dfrac{1}{2}x^2 - \dfrac{1}{2}x\sin 2x - \dfrac{1}{4}\cos 2x + C$

(4) $\displaystyle\int 2x\cos^2 2x\,dx = \int x(1 + \cos 4x)\,dx$

$\qquad\qquad = \dfrac{1}{2}x^2 + \dfrac{1}{4}x\sin 4x + \dfrac{1}{16}\cos 4x + C$

(5) $\displaystyle\int x\sin^2 3x\,dx = \dfrac{1}{2}\int x(1 - \cos 6x)\,dx$

$\qquad\qquad = \dfrac{1}{2}\left(\dfrac{1}{2}x^2 - \dfrac{1}{6}x\sin 6x - \dfrac{1}{36}\cos 6x\right) + C$

17－4 今週のテーマ **瞬間部分積分**

	1	2	3	**4**	5	6	7
制限時間A：**3**分	実施日		月　　日		得点		／5
制限時間B：**6**分	実施日		月　　日		得点		／5

次の定積分を求めよ。

(1) $\displaystyle\int_0^\pi x \sin x \, dx$

(2) $\displaystyle\int_0^\pi x \cos x \, dx$

(3) $\displaystyle\int_0^\pi x \sin 2x \, dx$

(4) $\displaystyle\int_{-\pi}^\pi x \sin 2x \, dx$

(5) $\displaystyle\int_{-\pi}^\pi x \cos 3x \, dx$

問題 17−4 解答

(1) π (2) -2 (3) $-\dfrac{\pi}{2}$ (4) $-\pi$ (5) 0

【参考】

(1) $\displaystyle\int_0^\pi x\sin x\,dx = \Big[-x\cos x + \sin x\Big]_0^\pi$

$\qquad\qquad = \pi$

(2) $\displaystyle\int_0^\pi x\cos x\,dx = \Big[x\sin x + \cos x\Big]_0^\pi$

$\qquad\qquad = -2$

(3) $\displaystyle\int_0^\pi x\sin 2x\,dx = \Big[-\frac{1}{2}x\cos 2x + \frac{1}{4}\sin 2x\Big]_0^\pi$

$\qquad\qquad = -\frac{\pi}{2}$

(4) $\displaystyle\int_{-\pi}^\pi x\sin 2x\,dx = 2\int_0^\pi x\sin 2x\,dx = \Big[-x\cos 2x + \frac{1}{2}\sin 2x\Big]_0^\pi$

$\qquad\qquad = -\pi$

(5) $\displaystyle\int_{-\pi}^\pi x\cos 3x\,dx = 0$

［注］

$\qquad x\cos 3x$ は奇関数であるので，$-\pi$ から π までの積分は 0 になる。

302

次の定積分を求めよ。

(1) $\displaystyle\int_1^e 2x \log x \, dx$

(2) $\displaystyle\int_1^e x^2 \log x \, dx$

(3) $\displaystyle\int_1^e x^3 \log x \, dx$

(4) $\displaystyle\int_e^{e^2} (2x + 1) \log x \, dx$

(5) $\displaystyle\int_1^{e^2} \frac{1}{\sqrt{x}} \log x \, dx$

問題 17−5 解答

(1) $\dfrac{1}{2}e^2 + \dfrac{1}{2}$ (2) $\dfrac{2}{9}e^3 + \dfrac{1}{9}$ (3) $\dfrac{3}{16}e^4 + \dfrac{1}{16}$

(4) $\dfrac{3}{2}e^4 + \dfrac{1}{2}e^2$ (5) 4

【参考】

(1) $\displaystyle \int_1^e 2x \log x \, dx = \left[x^2 \log x - \dfrac{1}{2}x^2 \right]_1^e = \dfrac{1}{2}e^2 + \dfrac{1}{2}$

(2) $\displaystyle \int_1^e x^2 \log x \, dx = \left[\dfrac{1}{3}x^3 \log x - \dfrac{1}{9}x^3 \right]_1^e = \dfrac{2}{9}e^3 + \dfrac{1}{9}$

(3) $\displaystyle \int_1^e x^3 \log x \, dx = \left[\dfrac{1}{4}x^4 \log x - \dfrac{1}{16}x^4 \right]_1^e = \dfrac{3}{16}e^4 + \dfrac{1}{16}$

(4) $\displaystyle \int_e^{e^2} (2x+1) \log x \, dx = \left[(x^2+x) \log x - \left(\dfrac{1}{2}x^2 + x \right) \right]_e^{e^2}$

$\qquad\qquad = \dfrac{3}{2}e^4 + \dfrac{1}{2}e^2$

(5) $\displaystyle \int_1^{e^2} \dfrac{1}{\sqrt{x}} \log x \, dx = \left[2\sqrt{x} \log x - 4\sqrt{x} \right]_1^{e^2} = 4$

次の不定積分を求めよ。

(1) $\displaystyle \int x^2 \sin x \, dx$

(2) $\displaystyle \int x^2 \cos x \, dx$

(3) $\displaystyle \int (x^2 - 2x) \sin 2x \, dx$

問題 17-6 解答

(1) $-(x^2 - 2)\cos x + 2x \sin x + C$

(2) $(x^2 - 2)\sin x + 2x \cos x + C$

(3) $-\dfrac{1}{2}\left(x^2 - 2x - \dfrac{1}{2}\right)\cos 2x + \dfrac{1}{2}(x - 1)\sin 2x + C$

C は積分定数である。

次の定積分を求めよ。

(1) $\displaystyle\int_0^{\frac{\pi}{2}} x^2 \sin x\, dx$

(2) $\displaystyle\int_0^{\pi} x^2 \cos 2x\, dx$

(3) $\displaystyle\int_0^{\pi} 3x^2 \sin 3x\, dx$

問題 17−7 解答

(1) $\pi - 2$

(2) $\dfrac{\pi}{2}$

(3) $\pi^2 - \dfrac{4}{9}$

【参考】

(1) $\displaystyle\int_0^{\frac{\pi}{2}} x^2 \sin x \, dx = \Big[-x^2 \cos x + 2x \sin x + 2 \cos x \Big]_0^{\frac{\pi}{2}}$

$\qquad\qquad\qquad\quad = \pi - 2$

(2) $\displaystyle\int_0^{\pi} x^2 \cos 2x \, dx = \Big[\dfrac{1}{2} x^2 \sin 2x + \dfrac{1}{2} x \cos 2x - \dfrac{1}{4} \sin 2x \Big]_0^{\pi}$

$\qquad\qquad\qquad\quad = \dfrac{\pi}{2}$

(3) $\displaystyle\int_0^{\pi} 3x^2 \sin 3x \, dx = \Big[-x^2 \cos 3x + 2 \left(\dfrac{1}{3} x \sin 3x + \dfrac{1}{9} \cos 3x \right) \Big]_0^{\pi}$

$\qquad\qquad\qquad\qquad = \pi^2 - \dfrac{4}{9}$

指数関数と多項式の積の積分

🚩 目標 例えば, $\displaystyle\int x^4 e^x \, dx$ のように多項式 (この場合は x^4) と指数関数 (この場合は e^x) の積の形で表される関数の積分は部分積分を繰り返し行うことにより求めることもできるが, 便利な計算方法もある。ここでは, この計算方法を身につけて実戦で使用できるようになることを目指す。

革命計算法
Revolutionary Technique

多項式と指数関数をかけた関数の積分には, 次の公式が有効である[7]。以下, C は積分定数とする。

【部分積分を簡略化する積分公式】

$f(x)$ を**多項式**とするとき, 次が成り立つ。

(a) $\displaystyle\int e^x f(x) \, dx = e^x (f(x) - f'(x) + f''(x) - f'''(x) + \cdots\cdots) + C$

(b) $\displaystyle\int e^{-x} f(x) \, dx = -e^{-x} (f(x) + f'(x) + f''(x) + f'''(x) + \cdots\cdots) + C$

これらを一般化して, $a \neq 0$ のとき

(c) $\displaystyle\int e^{ax} f(x) \, dx = e^{ax} \left(\dfrac{f(x)}{a} - \dfrac{f'(x)}{a^2} + \dfrac{f''(x)}{a^3} - \cdots\cdots \right) + C$

[注]

(a) は $e^x f(x)$ の不定積分を求めたいとき, まず e^x を書いて, それに $f(x)$ を符号を変えながら微分した関数を関数が消滅するまで加えていく, といったものである。したがって, $f(x)$ は「微分するといつかは消滅する」関数, すなわち, $f(x)$ が多項式でなければこの公式を用いてはならない。

例1

$\displaystyle\int e^x (x^2 + 3x + 1) \, dx$ を求めたい。

---

[7] この公式を授業で説明すると, 必ず何人かからは「これを試験で用いてよいのか」と聞かれる。これについては, 「部分積分の理解度を主目標としている問題」でなければ使用して減点されることはないだろう。

これは $f(x) = x^2 + 3x + 1$ とおいて, 次のように考えるとよい。

$$e^x\{\underbrace{(x^2 + 3x + 1)}_{f(x)} - \qquad \}\qquad\qquad (\leftarrow e^x \text{ に } f(x) \text{ をかける})$$

$$\downarrow$$

$$e^x\{\underbrace{(x^2 + 3x + 1)}_{f(x)} - \underbrace{(2x + 3)}_{f'(x)} + \qquad\}\qquad (\leftarrow \{\ \} \text{ 内において } f'(x) \text{ を引く})$$

$$\downarrow$$

$$e^x\{\underbrace{(x^2 + 3x + 1)}_{f(x)} - \underbrace{(2x + 3)}_{f'(x)} + \underbrace{2}_{f''(x)}\}\qquad (\leftarrow \{\ \} \text{ 内において } f''(x) \text{ を加える})$$

となって, 次に $2\ (= f''(x))$ を微分すると 0 になって消滅するから, これで終了する。

$$\int e^x(x^2 + 3x + 1)\, dx = e^x\{(x^2 + 3x + 1) - (2x + 3) + 2\} + C$$
$$= e^x(x^2 + x) + C$$

である。

次に (b) は 「$e^{-x}f(x)$ の積分は, まず, $-e^{-x}$ を書いてあとは $f(x)$ を次々と微分して, そのときに現れる $f(x), f'(x), f''(x), \cdots\cdots$ を加える」といった式である。

例2

$\displaystyle\int e^{-x}(x^2 + x - 1)\, dx$ を求めたい。

これも後の説明のため, $f(x) = x^2 + x - 1$ とおいておく。

$$-e^{-x}\{\underbrace{(x^2 + x - 1)}_{f(x)} + \qquad\}\qquad\qquad (\leftarrow -e^{-x} \text{ に } f(x) \text{ をかける})$$

$$\downarrow$$

$$-e^{-x}\{\underbrace{(x^2 + x - 1)}_{f(x)} + \underbrace{(2x + 1)}_{f'(x)} + \quad\}\qquad (\leftarrow \{\ \} \text{ 内において } f'(x) \text{ を加える})$$

$$\downarrow$$

$$-e^{-x}\{\underbrace{(x^2 + x - 1)}_{f(x)} + \underbrace{(2x + 1)}_{f'(x)} + \underbrace{2}_{f''(x)}\}\quad (\leftarrow \{\ \} \text{ 内において } f''(x) \text{ を加える})$$

となり, $f'''(x)$ は消滅するからここまででよい。よって

$$\int e^{-x}(x^2 + x - 1)\, dx = -e^{-x}\{(x^2 + x - 1) + (2x + 1) + 2\} + C$$

$$= -e^{-x}(x^2 + 3x + 2) + C$$

である。

最後に (a), (b) を一般化した (c) であるが, これは次のように記憶するとよい。$\int e^{ax} f(x)\,dx$ を求めるには, $\int e^x f(x)\,dx$ の場合と同じように, まず, e^{ax} に $f(x)$, $f'(x)$, $f''(x)$, $\cdots$ を符号を交替させて加えたものをかける。

$$\int e^{ax} f(x)\,dx = e^{ax}\left(\frac{f(x)}{} - \frac{f'(x)}{} + \frac{f''(x)}{} - \frac{f'''(x)}{} + \cdots \right) + C$$

次に, 分母には等比数列 $a, a^2, a^3, a^4, \cdots$ を書く。すると

$$\int e^{ax} f(x)\,dx = e^{ax}\left(\frac{f(x)}{a} - \frac{f'(x)}{a^2} + \frac{f''(x)}{a^3} - \frac{f'''(x)}{a^4} + \cdots \right) + C$$

のようにできる。

例3

$\int e^{2x} x^3\,dx$ を求める。

まず, e^{2x} に「x^3, $(x^3)' = 3x^2$, $(x^3)'' = 6x$, $(x^3)''' = 6$ を符号を変えながら加えたもの」をかける。

$$\int e^{2x} x^3\,dx = e^{2x}\left(\frac{x^3}{} - \frac{3x^2}{} + \frac{6x}{} - \frac{6}{} \right) + C$$

次に, 分母に等比数列 $2, 2^2, 2^3, 2^4$ を入れる。

$$\int e^{2x} x^3\,dx = e^{2x}\left(\frac{x^3}{2} - \frac{3x^2}{2^2} + \frac{6x}{2^3} - \frac{6}{2^4} \right) + C$$

あとは, これを整理するとよい。

$$\int e^{2x} x^3\,dx = e^{2x}\left(\frac{x^3}{2} - \frac{3x^2}{4} + \frac{3x}{4} - \frac{3}{8} \right) + C$$

となる。

次の不定積分を求めよ。

(1) $\displaystyle \int e^x(x^2+1)\,dx$

(2) $\displaystyle \int e^x(x^2+3x)\,dx$

(3) $\displaystyle \int e^x(x^3-2x)\,dx$

(4) $\displaystyle \int e^x(x+2)^2\,dx$

(5) $\displaystyle \int e^x(2x+1)^2\,dx$

問題 18−1 解答

(1) $e^x(x^2 - 2x + 3) + C$

(2) $e^x(x^2 + x - 1) + C$

(3) $e^x(x^3 - 3x^2 + 4x - 4) + C$

(4) $e^x(x^2 + 2x + 2) + C$

(5) $e^x(4x^2 - 4x + 5) + C$

C は積分定数である。

【参考】

(1) $\displaystyle\int e^x(x^2 + 1)\,dx = e^x\{(x^2 + 1) - 2x + 2\} + C$
$$= e^x(x^2 - 2x + 3) + C$$

(2) $\displaystyle\int e^x(x^2 + 3x)\,dx = e^x\{(x^2 + 3x) - (2x + 3) + 2\} + C$
$$= e^x(x^2 + x - 1) + C$$

(3) $\displaystyle\int e^x(x^3 - 2x)\,dx = e^x\{(x^3 - 2x) - (3x^2 - 2) + 6x - 6\} + C$
$$= e^x(x^3 - 3x^2 + 4x - 4) + C$$

(4) $\displaystyle\int e^x(x + 2)^2\,dx = e^x\{(x + 2)^2 - 2(x + 2) + 2\} + C$
$$= e^x(x^2 + 2x + 2) + C$$

(5) $\displaystyle\int e^x(2x + 1)^2\,dx = e^x\{(2x + 1)^2 - 4(2x + 1) + 8\} + C$
$$= e^x(4x^2 - 4x + 5) + C$$

	1	**2**	3	4	5	6	7

制限時間 A： 3 分	実施日　　月　日	得点　／5
制限時間 B： 5 分	実施日　　月　日	得点　／5

次の不定積分を求めよ。

(1) $\displaystyle \int e^{-x}(x^2 + 1)\, dx$

(2) $\displaystyle \int e^{-x}(x^2 - 4x)\, dx$

(3) $\displaystyle \int e^{-x}(x^3 + x)\, dx$

(4) $\displaystyle \int e^{-x}(x + 1)^2\, dx$

(5) $\displaystyle \int e^{-x}(3x + 1)^2\, dx$

問題 18−2 解答

(1) $-e^{-x}(x^2 + 2x + 3) + C$

(2) $-e^{-x}(x^2 - 2x - 2) + C$

(3) $-e^{-x}(x^3 + 3x^2 + 7x + 7) + C$

(4) $-e^{-x}(x^2 + 4x + 5) + C$

(5) $-e^{-x}(9x^2 + 24x + 25) + C$

C は積分定数である。

【参考】

(1) $\displaystyle \int e^{-x}(x^2 + 1)\,dx = -e^{-x}\{(x^2 + 1) + 2x + 2\} + C$
$$= -e^{-x}(x^2 + 2x + 3) + C$$

(2) $\displaystyle \int e^{-x}(x^2 - 4x)\,dx = -e^{-x}\{(x^2 - 4x) + (2x - 4) + 2\} + C$
$$= -e^{-x}(x^2 - 2x - 2) + C$$

(3) $\displaystyle \int e^{-x}(x^3 + x)\,dx = -e^{-x}\{(x^3 + x) + (3x^2 + 1) + 6x + 6\} + C$
$$= -e^{-x}(x^3 + 3x^2 + 7x + 7) + C$$

(4) $\displaystyle \int e^{-x}(x + 1)^2\,dx = -e^{-x}\{(x + 1)^2 + 2(x + 1) + 2\} + C$
$$= -e^{-x}(x^2 + 4x + 5) + C$$

(5) $\displaystyle \int e^{-x}(3x + 1)^2\,dx = -e^{-x}\{(3x + 1)^2 + 6(3x + 1) + 18\} + C$
$$= -e^{-x}(9x^2 + 24x + 25) + C$$

18−3 指数関数と多項式の積の積分

制限時間 A：3 分	実施日	月 日	得点	／4
制限時間 B：5 分	実施日	月 日	得点	／4

次の不定積分を求めよ。

(1) $\displaystyle \int e^{3x}(x+2)\,dx$

(2) $\displaystyle \int e^{2x}(x^2+2)\,dx$

(3) $\displaystyle \int e^{-2x}(x^2+2x)\,dx$

(4) $\displaystyle \int e^{2x}(x^3-3x)\,dx$

問題 18−3 解答

(1) $e^{3x}\left(\dfrac{1}{3}x + \dfrac{5}{9}\right) + C$

(2) $e^{2x}\left(\dfrac{1}{2}x^2 - \dfrac{1}{2}x + \dfrac{5}{4}\right) + C$

(3) $e^{-2x}\left(-\dfrac{1}{2}x^2 - \dfrac{3}{2}x - \dfrac{3}{4}\right) + C$

(4) $e^{2x}\left(\dfrac{1}{2}x^3 - \dfrac{3}{4}x^2 - \dfrac{3}{4}x + \dfrac{3}{8}\right) + C$

C は積分定数である。

【参考】

(1) $\displaystyle\int e^{3x}(x+2)\,dx = e^{3x}\left(\dfrac{x+2}{3} - \dfrac{1}{9}\right) + C$

$$= e^{3x}\left(\dfrac{1}{3}x + \dfrac{5}{9}\right) + C$$

(2) $\displaystyle\int e^{2x}(x^2+2)\,dx = e^{2x}\left(\dfrac{x^2+2}{2} - \dfrac{2x}{4} + \dfrac{2}{8}\right) + C$

$$= e^{2x}\left(\dfrac{1}{2}x^2 - \dfrac{1}{2}x + \dfrac{5}{4}\right) + C$$

(3) $\displaystyle\int e^{-2x}(x^2+2x)\,dx = e^{-2x}\left(\dfrac{x^2+2x}{-2} - \dfrac{2x+2}{4} + \dfrac{2}{-8}\right) + C$

$$= e^{-2x}\left(-\dfrac{1}{2}x^2 - \dfrac{3}{2}x - \dfrac{3}{4}\right) + C$$

(4) $\displaystyle\int e^{2x}(x^3-3x)\,dx = e^{2x}\left(\dfrac{x^3-3x}{2} - \dfrac{3x^2-3}{4} + \dfrac{6x}{8} - \dfrac{6}{16}\right) + C$

$$= e^{2x}\left(\dfrac{1}{2}x^3 - \dfrac{3}{4}x^2 - \dfrac{3}{4}x + \dfrac{3}{8}\right) + C$$

制限時間 A：**3** 分	実施日	月　日	得点	／4
制限時間 B：**5** 分	実施日	月　日	得点	／4

次の定積分を求めよ。

(1)　$\displaystyle\int_0^2 e^x(x+3)\,dx$

(2)　$\displaystyle\int_{-1}^1 e^x(x^2+1)\,dx$

(3)　$\displaystyle\int_0^1 e^x x^3\,dx$

(4)　$\displaystyle\int_0^2 e^x(x-2)^2\,dx$

問題 18−4 解答

(1) $4e^2 - 2$

(2) $2e - 6e^{-1}$

(3) $-2e + 6$

(4) $2e^2 - 10$

【参考】

(1) $\displaystyle\int_0^2 e^x(x+3)\,dx = [e^x\{(x+3)-1\}]_0^2 = [e^x(x+2)]_0^2$
$$= 4e^2 - 2$$

(2) $\displaystyle\int_{-1}^1 e^x(x^2+1)\,dx = \left[e^x\{(x^2+1)-2x+2\}\right]_{-1}^1 = \left[e^x(x^2-2x+3)\right]_{-1}^1$
$$= 2e - 6e^{-1}$$

(3) $\displaystyle\int_0^1 e^x x^3\,dx = \left[e^x(x^3-3x^2+6x-6)\right]_0^1$
$$= -2e + 6$$

(4) $\displaystyle\int_0^2 e^x(x-2)^2\,dx = \left[e^x\{(x-2)^2-2(x-2)+2\}\right]_0^2 = \left[e^x(x^2-6x+10)\right]_0^2$
$$= 2e^2 - 10$$

問題 18－5	今週のテーマ	指数関数と多項式の積の積分						
		1	2	3	4	**5**	6	7
制限時間 A：3 分	実施日	月 日				得点		／4
制限時間 B：5 分	実施日	月 日				得点		／4

次の定積分を求めよ。

(1) $\displaystyle\int_0^2 e^{-x}(x-4)\,dx$

(2) $\displaystyle\int_{-1}^1 e^{-x}(x^2+x)\,dx$

(3) $\displaystyle\int_0^3 e^{-x}(x-3)^2\,dx$

(4) $\displaystyle\int_{-1}^1 e^{-x}x^4\,dx$

問題 18−5 解答

(1) $e^{-2} - 3$

(2) $-7e^{-1} + e$

(3) $-2e^{-3} + 5$

(4) $-65e^{-1} + 9e$

【参考】

(1) $\displaystyle\int_0^2 e^{-x}(x-4)\,dx = \left[-e^{-x}\{(x-4)+1\}\right]_0^2 = \left[-e^{-x}(x-3)\right]_0^2$
$$= e^{-2} - 3$$

(2) $\displaystyle\int_{-1}^1 e^{-x}(x^2+x)\,dx = \left[-e^{-x}\{(x^2+x)+(2x+1)+2\}\right]_{-1}^1$
$$= \left[-e^{-x}(x^2+3x+3)\right]_{-1}^1$$
$$= -7e^{-1} + e$$

(3) $\displaystyle\int_0^3 e^{-x}(x-3)^2\,dx = \left[-e^{-x}\{(x-3)^2+2(x-3)+2\}\right]_0^3$
$$= \left[-e^{-x}(x^2-4x+5)\right]_0^3$$
$$= -2e^{-3} + 5$$

(4) $\displaystyle\int_{-1}^1 e^{-x}x^4\,dx = \left[-e^{-x}(x^4+4x^3+12x^2+24x+24)\right]_{-1}^1$
$$= -65e^{-1} + 9e$$

次の定積分を求めよ。

(1) $\displaystyle\int_0^1 e^{3x}(x+1)\,dx$

(2) $\displaystyle\int_0^2 e^{2x}x^2\,dx$

(3) $\displaystyle\int_{-1}^1 e^{-2x}(x^2-2x)\,dx$

(4) $\displaystyle\int_0^2 e^{2x}x^3\,dx$

問題 18−6 解答

(1) $\dfrac{5}{9}e^3 - \dfrac{2}{9}$

(2) $\dfrac{5}{4}e^4 - \dfrac{1}{4}$

(3) $\dfrac{3}{4}e^2 + \dfrac{1}{4}e^{-2}$

(4) $\dfrac{17}{8}e^4 + \dfrac{3}{8}$

【参考】

(1) $\displaystyle\int_0^1 e^{3x}(x+1)\,dx = \left[e^{3x}\left(\dfrac{x+1}{3} - \dfrac{1}{9}\right)\right]_0^1 = \left[e^{3x}\cdot\dfrac{3x+2}{9}\right]_0^1$

$\qquad = \dfrac{5}{9}e^3 - \dfrac{2}{9}$

(2) $\displaystyle\int_0^2 e^{2x}x^2\,dx = \left[e^{2x}\left(\dfrac{x^2}{2} - \dfrac{2x}{4} + \dfrac{2}{8}\right)\right]_0^2 = \left[e^{2x}\cdot\dfrac{2x^2-2x+1}{4}\right]_0^2$

$\qquad = \dfrac{5}{4}e^4 - \dfrac{1}{4}$

(3) $\displaystyle\int_{-1}^1 e^{-2x}(x^2-2x)\,dx = \left[e^{-2x}\left(\dfrac{x^2-2x}{-2} - \dfrac{2x-2}{4} + \dfrac{2}{-8}\right)\right]_{-1}^1$

$\qquad = \left[-e^{-2x}\cdot\dfrac{2x^2-2x-1}{4}\right]_{-1}^1$

$\qquad = \dfrac{1}{4}e^{-2} + \dfrac{3}{4}e^2$

(4) $\displaystyle\int_0^2 e^{2x}x^3\,dx = \left[e^{2x}\left(\dfrac{x^3}{2} - \dfrac{3x^2}{4} + \dfrac{6x}{8} - \dfrac{6}{16}\right)\right]_0^2$

$\qquad = \left[e^{2x}\cdot\dfrac{4x^3-6x^2+6x-3}{8}\right]_0^2$

$\qquad = \dfrac{17}{8}e^4 + \dfrac{3}{8}$

次の定積分を求めよ。

(1) $\displaystyle\int_0^2 \frac{x+2}{e^x}\,dx$

(2) $\displaystyle\int_0^2 e^{3x}(x-2)^2\,dx$

(3) $\displaystyle\int_0^1 e^{2x}(2x+1)^2\,dx$

(4) $\displaystyle\int_0^1 e^{-3x}(x^2+2)\,dx$

問題 18−7 解答

(1) $-5e^{-2} + 3$

(2) $\dfrac{2}{27}e^6 - \dfrac{50}{27}$

(3) $\dfrac{5}{2}e^2 - \dfrac{1}{2}$

(4) $-\dfrac{35}{27}e^{-3} + \dfrac{20}{27}$

【参考】

(1) $\displaystyle \int_0^2 \frac{x+2}{e^x}\,dx = \int_0^2 e^{-x}(x+2)\,dx = \Big[-e^{-x}\{(x+2)+1\}\Big]_0^2$

$\qquad\qquad = \Big[-e^{-x}(x+3)\Big]_0^2$

$\qquad\qquad = -5e^{-2} + 3$

(2) $\displaystyle \int_0^2 e^{3x}(x-2)^2\,dx = \left[e^{3x}\left\{\frac{(x-2)^2}{3} - \frac{2(x-2)}{9} + \frac{2}{27}\right\}\right]_0^2$

$\qquad\qquad = \left[e^{3x} \cdot \frac{9x^2 - 42x + 50}{27}\right]_0^2$

$\qquad\qquad = \dfrac{2}{27}e^6 - \dfrac{50}{27}$

(3) $\displaystyle \int_0^1 e^{2x}(2x+1)^2\,dx = \left[e^{2x}\left\{\frac{(2x+1)^2}{2} - \frac{4(2x+1)}{4} + \frac{8}{8}\right\}\right]_0^1$

$\qquad\qquad = \left[e^{2x} \cdot \frac{4x^2 + 1}{2}\right]_0^1$

$\qquad\qquad = \dfrac{5}{2}e^2 - \dfrac{1}{2}$

(4) $\displaystyle \int_0^1 e^{-3x}(x^2+2)\,dx = \left[e^{-3x}\left(\frac{x^2+2}{-3} - \frac{2x}{9} + \frac{2}{-27}\right)\right]_0^1$

$\qquad\qquad = \left[-e^{-3x} \cdot \frac{9x^2 + 6x + 20}{27}\right]_0^1$

$\qquad\qquad = -\dfrac{35}{27}e^{-3} + \dfrac{20}{27}$

第3部
数学Ⅰ・A，Ⅱ・B・C
発展編

第1回

第19回 多項式の展開とその応用
Advanced Stage

 目標 多項式の展開と三角関数の加法定理を用いた計算を一気にできるようになる。

■ 革命計算法
Revolutionary Technique

1 根号を含む 2 つ以上の項の計算

例えば,

$$(a + \sqrt{b})^2 = a^2 + 2a\sqrt{b} + b = (a^2 + b) + 2a\sqrt{b}$$
$$(\sqrt{a} + \sqrt{b})^2 = a + 2\sqrt{ab} + b = (a + b) + 2\sqrt{ab}$$

であるが, これを次のように一気に計算したい。

(1) $(3 + 2\sqrt{5})^2 = 29 + 12\sqrt{5}$

(2) $(\sqrt{5} + 3\sqrt{2})^2 = 23 + 6\sqrt{10}$

この章では, このような項を 2 つ以上含む式を展開して整理する操作を手短にできるようになることを目指す。

例1

(1) $(3 + 2\sqrt{2})^2 + (\sqrt{7} - \sqrt{3})^2 = 27 + 12\sqrt{2} - 2\sqrt{21}$

(2) $(2 + \sqrt{3} + \sqrt{5})^2 + (2 - \sqrt{3} + \sqrt{5})^2 = 2(2 + \sqrt{5})^2 + 2 \cdot 3$
$$= 24 + 8\sqrt{5}$$

[注]

(2) は $(A + B)^2 + (A - B)^2 = 2A^2 + 2B^2$ であることを用いてある。

2 三角関数の加法定理を用いた計算

三角関数の加法定理

$$\sin(\alpha \pm \beta) = \sin\alpha\cos\beta \pm \cos\alpha\sin\beta \quad (複号同順)$$
$$\cos(\alpha \pm \beta) = \cos\alpha\cos\beta \mp \sin\alpha\sin\beta \quad (複号同順)$$

を用いて, 次のような計算を行う。

$$\sin(\theta + 30°) + \sin(\theta - 30°)$$

329

これを $a\sin\theta + b\cos\theta$ の形に変形する。実際に途中経過も書いて計算すると次のようになるが,この程度であれば一気に最後の答を書きたい。

$$\sin(\theta + 30°) + \sin(\theta - 30°)$$
$$= (\sin\theta\cos 30° + \cos\theta\sin 30°) + (\sin\theta\cos 30° - \cos\theta\sin 30°)$$
$$= 2\sin\theta\cos 30°$$
$$= \sqrt{3}\sin\theta$$

実際には次のようにここでは計算するようにする。

例2

(1)　$\sin(\theta + 30°) + \sin(\theta + 120°) = \dfrac{\sqrt{3}-1}{2}\sin\theta + \dfrac{1+\sqrt{3}}{2}\cos\theta$

(2)　$\cos(\theta + 45°) + \cos(\theta + 135°) = -\sqrt{2}\sin\theta$

(1) については,まず次のようになる。

$$\sin(\theta + 30°) + \sin(\theta + 120°)$$
$$= (\sin\theta\cos 30° + \cos\theta\sin 30°) + (\sin\theta\cos 120° + \cos\theta\sin 120°)$$

ここで,$\sin\theta$ の係数 $(\cos 30° + \cos 120°)$ と $\cos\theta$ の係数 $(\sin 30° + \sin 120°)$ を選び,それぞれを頭の中で計算すると次のようになる。

$$\cos 30° + \cos 120° = \dfrac{\sqrt{3}-1}{2}$$
$$\sin 30° + \sin 120° = \dfrac{1+\sqrt{3}}{2}$$

このようにして (1) の結果である $\dfrac{\sqrt{3}-1}{2}\sin\theta + \dfrac{1+\sqrt{3}}{2}\cos\theta$ を得る。

(2) についても同様である。

制限時間A：**3**分	実施日	月 日	得点	／5
制限時間B：**5**分	実施日	月 日	得点	／5

次の式を展開して整理せよ。

(1) $(1+\sqrt{3})^2 + (2+\sqrt{3})^2$

(2) $(2-\sqrt{2})^2 + (3+\sqrt{2})^2$

(3) $(4+\sqrt{3})^2 + (2+3\sqrt{3})^2$

(4) $(-2+\sqrt{5})^2 + (3-\sqrt{5})^2$

(5) $(2-3\sqrt{2})^2 + (3+\sqrt{2})^2$

問題 19−1 解答

(1) $11 + 6\sqrt{3}$ (2) $17 + 2\sqrt{2}$ (3) $50 + 20\sqrt{3}$

(4) $23 - 10\sqrt{5}$ (5) $33 - 6\sqrt{2}$

次の式を展開して整理せよ。

(1) $(4+\sqrt{5})^2 - (2+3\sqrt{5})^2$

(2) $(3+\sqrt{2})^2 - (5-2\sqrt{2})^2$

(3) $(5+2\sqrt{3})^2 + (-2+3\sqrt{3})^2$

(4) $(\sqrt{2}+\sqrt{5})^2 + (\sqrt{10}-1)^2$

(5) $(\sqrt{2}+\sqrt{6})^2 + (2\sqrt{3}-1)^2$

問題 19−2 解答

(1) $-28 - 4\sqrt{5}$　(2) $-22 + 26\sqrt{2}$　(3) $68 + 8\sqrt{3}$

(4) **18**　(5) **21**

制限時間 A：**3** 分	実施日	月　日	得点	/5
制限時間 B：**5** 分	実施日	月　日	得点	/5

次の式を展開して整理せよ。

(1) $(\sqrt{5}-3)^2 + (\sqrt{3}+\sqrt{15})^2$

(2) $(\sqrt{7}+\sqrt{2})^2 + (2+\sqrt{14})^2$

(3) $(\sqrt{3}+\sqrt{6})^2 + (3-2\sqrt{2})^2$

(4) $\left(\dfrac{\sqrt{3}-1}{2}\right)^2 + \left(\dfrac{2+\sqrt{3}}{2}\right)^2$

(5) $\left(\dfrac{\sqrt{3}+2}{3}\right)^2 + \left(\dfrac{2\sqrt{3}+1}{3}\right)^2$

問題 19-3 解答

(1) **32** (2) **$27 + 6\sqrt{14}$** (3) **$26 - 6\sqrt{2}$**

(4) $\dfrac{11 + 2\sqrt{3}}{4}$ (5) $\dfrac{20 + 8\sqrt{3}}{9}$

問題 **19－4**　今週のテーマ **多項式の展開とその応用**

1	2	3	**4**	5	6	7

制限時間 A：**3** 分	実施日	月　　日	得点	／5
制限時間 B：**5** 分	実施日	月　　日	得点	／5

次の式を $a\sin\theta + b\cos\theta$ の形に変形せよ。

(1)　$\sin(\theta + 60°) + \sin(\theta - 60°)$

(2)　$\cos(\theta + 45°) + \cos(\theta - 45°)$

(3)　$\sin(\theta + 120°) - \sin(\theta - 120°)$

(4)　$\cos(\theta + 150°) - \cos(\theta - 150°)$

(5)　$\sin(60° + \theta) + \sin(60° - \theta)$

問題 19−4 解答

(1) $\sin\theta$ (2) $\sqrt{2}\cos\theta$ (3) $\sqrt{3}\cos\theta$

(4) $-\sin\theta$ (5) $\sqrt{3}\cos\theta$

次の式を $a\sin\theta + b\cos\theta$ の形に変形せよ。

(1)　$\sin(\theta + 30°) + \sin(\theta + 60°)$

(2)　$\cos(\theta + 45°) + \cos(\theta + 135°)$

(3)　$\sin(\theta + 120°) - \sin(\theta + 30°)$

(4)　$\cos(\theta + 30°) - \cos(\theta - 150°)$

(5)　$\sin(\theta + 30°) + \cos(\theta + 60°)$

問題 19−5 解答

(1) $\dfrac{\sqrt{3}+1}{2}\sin\theta + \dfrac{\sqrt{3}+1}{2}\cos\theta$ (2) $-\sqrt{2}\sin\theta$

(3) $-\dfrac{1+\sqrt{3}}{2}\sin\theta + \dfrac{\sqrt{3}-1}{2}\cos\theta$ (4) $-\sin\theta + \sqrt{3}\cos\theta$

(5) $\cos\theta$

次の式を展開して整理せよ。

(1) $\left(\dfrac{\sqrt{5}+1}{2}\right)^2 + \left(\dfrac{\sqrt{5}-1}{2}\right)^2$

(2) $\left(\dfrac{\sqrt{7}+\sqrt{3}}{4}\right)^2 - \left(\dfrac{\sqrt{7}-\sqrt{3}}{4}\right)^2$

(3) $(1+\sqrt{2}+\sqrt{3})^2 + (1+\sqrt{2}-\sqrt{3})^2$

(4) $(1+\sqrt{3}+\sqrt{5})^2 + (1-\sqrt{3}+\sqrt{5})^2$

(5) $(1-\sqrt{2}-\sqrt{6})^2 + (1-\sqrt{2}+\sqrt{6})^2$

問題 19−6 解答

(1) 3 　(2) $\dfrac{\sqrt{21}}{4}$ 　(3) $12 + 4\sqrt{2}$

(4) $18 + 4\sqrt{5}$ 　(5) $18 - 4\sqrt{2}$

制限時間 A : 3 分	実施日	月 日	得点	／5
制限時間 B : 5 分	実施日	月 日	得点	／5

次の式を展開して整理せよ。

(1) $(\sqrt{3} + \sqrt{5} + \sqrt{7})^2 + (\sqrt{3} + \sqrt{5} - \sqrt{7})^2$

(2) $(-2 + \sqrt{5} + \sqrt{6})^2 + (-2 + \sqrt{5} - \sqrt{6})^2$

(3) $(\sqrt{3} + \sqrt{7} - \sqrt{11})^2 + (\sqrt{3} - \sqrt{7} - \sqrt{11})^2$

(4) $(1 + \sqrt{3} + \sqrt{5} + \sqrt{7})^2 + (1 + \sqrt{3} - \sqrt{5} - \sqrt{7})^2$

(5) $(2 - \sqrt{3} + \sqrt{5} - \sqrt{6})^2 + (2 - \sqrt{3} - \sqrt{5} + \sqrt{6})^2$

問題 19-7 解答

(1) $30 + 4\sqrt{15}$ (2) $30 - 8\sqrt{5}$ (3) $42 - 4\sqrt{33}$

(4) $32 + 4\sqrt{3} + 4\sqrt{35}$ (5) $36 - 8\sqrt{3} - 4\sqrt{30}$

第20回

Advanced Stage

多項式の割り算（上級編）

 目標 多項式の割り算 (中級編) で行った計算方法で, やや複雑なものの計算練習
を行う。

革命計算法
Revolutionary Technique

多項式の割り算 (中級編) で行った方法と同じ方法で計算し, 一気に割り算の結果を
書いてみるとよい。例えば,

$$f(x) = x^3 - 4x^2 - 2x + 1, \quad g(x) = 2x + 1$$

とあれば,

$$x^3 - 4x^2 - 2x + 1 = (2x + 1)\left(\frac{1}{2}x^2 - \frac{9}{4}x + \frac{1}{8}\right) + \frac{7}{8}$$

を一気に書けるように, また,

$$f(x) = x^4 - x^3 + 3x^2 + x + 5, \quad g(x) = x^2 - 4x + 2$$

とあれば,

$$x^4 - x^3 + 3x^2 + x + 5 = (x^2 - 4x + 2)(x^2 + 3x + 13) + 47x - 21$$

を一気に書けるようになること。

次の $f(x), g(x)$ に対し $f(x)$ を $g(x)Q(x)+r(x)$ の形で表せ。ただし $Q(x), r(x)$ は多項式で $r(x)$ の次数は $g(x)$ の次数より小さいものとする。

(1)　$f(x) = x^3 + 4x^2 + 3,$　　　　$g(x) = x + 2$

(2)　$f(x) = x^3 + 2x^2 + 3x + 1,$　$g(x) = x - 3$

(3)　$f(x) = 2x^3 + x + 4,$　　　　$g(x) = x^2 + 2x - 1$

(4)　$f(x) = x^4 + 2x^2 - x,$　　　　$g(x) = x + 1$

(5)　$f(x) = x^4 + 3x^3 + x + 2,$　　$g(x) = x^2 + x + 2$

問題 20−1 解答

(1) $x^3 + 4x^2 + 3 = (x + 2)(x^2 + 2x - 4) + 11$

(2) $x^3 + 2x^2 + 3x + 1 = (x - 3)(x^2 + 5x + 18) + 55$

(3) $2x^3 + x + 4 = (x^2 + 2x - 1)(2x - 4) + 11x$

(4) $x^4 + 2x^2 - x = (x + 1)(x^3 - x^2 + 3x - 4) + 4$

(5) $x^4 + 3x^3 + x + 2 = (x^2 + x + 2)(x^2 + 2x - 4) + x + 10$

制限時間 A： 5 分	実施日	月　日	得点	/5
制限時間 B： 8 分	実施日	月　日	得点	/5

次の $f(x), g(x)$ に対し $f(x)$ を $g(x)Q(x)+r(x)$ の形で表せ。ただし $Q(x), r(x)$ は多項式で $r(x)$ の次数は $g(x)$ の次数より小さいものとする。

(1) $f(x) = x^3 + 3x^2 + 4x - 2,$ $\qquad g(x) = x + 4$

(2) $f(x) = 2x^3 - x^2 + x + 1,$ $\qquad g(x) = x^2 - 2x - 1$

(3) $f(x) = 3x^3 + 2x^2 + x + 4,$ $\qquad g(x) = x^2 + x + 2$

(4) $f(x) = x^4 + 3x^2 + x - 2,$ $\qquad g(x) = x + 2$

(5) $f(x) = 2x^4 - x^3 + 3x^2 - 3x + 1,$ $\quad g(x) = x^2 + x - 3$

問題 20 − 2 解答

(1) $x^3 + 3x^2 + 4x - 2 = (x+4)(x^2 - x + 8) - 34$

(2) $2x^3 - x^2 + x + 1 = (x^2 - 2x - 1)(2x + 3) + 9x + 4$

(3) $3x^3 + 2x^2 + x + 4 = (x^2 + x + 2)(3x - 1) - 4x + 6$

(4) $x^4 + 3x^2 + x - 2 = (x+2)(x^3 - 2x^2 + 7x - 13) + 24$

(5) $2x^4 - x^3 + 3x^2 - 3x + 1$

$= (x^2 + x - 3)(2x^2 - 3x + 12) - 24x + 37$

問題 20－3	今週のテーマ	多項式の割り算　（上級編）
	1 2 **3** 4 5 6 7	
制限時間 A ：**5** 分	実施日　　　月　　日	得点　　／5
制限時間 B ：**8** 分	実施日　　　月　　日	得点　　／5

次の $f(x)$, $g(x)$ に対し $f(x)$ を $g(x)Q(x)+r(x)$ の形で表せ。ただし $Q(x)$, $r(x)$ は多項式で $r(x)$ の次数は $g(x)$ の次数より小さいものとする。

(1) $f(x) = 2x^3 + 4x^2 + 1,$ $\qquad g(x) = x^2 + 3x + 1$

(2) $f(x) = 4x^3 + 2x^2 - 3x - 3,$ $\quad g(x) = x^2 - 2x - 1$

(3) $f(x) = 2x^4 + x^2 - 4x - 1,$ $\quad g(x) = x^2 - x - 3$

(4) $f(x) = 3x^4 + 2x^2 + 4x + 2,$ $\quad g(x) = x^2 + 2x - 4$

(5) $f(x) = 4x^3 + 8x + 2,$ $\qquad g(x) = 2x - 1$

問題 20−3 解答

(1) $2x^3 + 4x^2 + 1 = (x^2 + 3x + 1)(2x - 2) + 4x + 3$

(2) $4x^3 + 2x^2 - 3x - 3 = (x^2 - 2x - 1)(4x + 10) + 21x + 7$

(3) $2x^4 + x^2 - 4x - 1 = (x^2 - x - 3)(2x^2 + 2x + 9) + 11x + 26$

(4) $3x^4 + 2x^2 + 4x + 2 = (x^2 + 2x - 4)(3x^2 - 6x + 26) - 72x + 106$

(5) $4x^3 + 8x + 2 = (2x - 1)\left(2x^2 + x + \dfrac{9}{2}\right) + \dfrac{13}{2}$

制限時間 A：**5** 分	実施日	月　日	得点	／5
制限時間 B：**8** 分	実施日	月　日	得点	／5

次の $f(x)$, $g(x)$ に対し $f(x)$ を $g(x)Q(x)+r(x)$ の形で表せ。ただし $Q(x)$, $r(x)$ は多項式で $r(x)$ の次数は $g(x)$ の次数より小さいものとする。

(1) $f(x) = x^3 + 5x^2 + 2x$, $\qquad g(x) = x^2 + x - 2$

(2) $f(x) = 2x^3 - 4x^2 + x + 2$, $\quad g(x) = x^2 + 2$

(3) $f(x) = x^3 + 5x^2 + 1$, $\qquad g(x) = x^2 + 4x$

(4) $f(x) = x^3 - 2x^2 + 5x + 2$, $\quad g(x) = 2x + 3$

(5) $f(x) = x^4 + 3x^2 + 2x + 2$, $\quad g(x) = x^2 - 2x$

問題 20−4 解答

(1) $x^3 + 5x^2 + 2x = (x^2 + x - 2)(x + 4) + 8$

(2) $2x^3 - 4x^2 + x + 2 = (x^2 + 2)(2x - 4) - 3x + 10$

(3) $x^3 + 5x^2 + 1 = (x^2 + 4x)(x + 1) - 4x + 1$

(4) $x^3 - 2x^2 + 5x + 2 = (2x + 3)\left(\dfrac{1}{2}x^2 - \dfrac{7}{4}x + \dfrac{41}{8}\right) - \dfrac{107}{8}$

(5) $x^4 + 3x^2 + 2x + 2 = (x^2 - 2x)(x^2 + 2x + 7) + 16x + 2$

次の $f(x), g(x)$ に対し $f(x)$ を $g(x)Q(x) + r(x)$ の形で表せ。ただし $Q(x), r(x)$ は多項式で $r(x)$ の次数は $g(x)$ の次数より小さいものとする。

(1) $f(x) = x^4 + 3x^3 - 2x^2 - 3$, $\qquad g(x) = x^2 + 3x - 2$

(2) $f(x) = x^3 + 4x^2 + x + 1$, $\qquad g(x) = 3x - 1$

(3) $f(x) = x^3 - 3x^2 + 2x + 1$, $\qquad g(x) = 3x + 2$

(4) $f(x) = x^4 + 2x^3 + x^2 - 2x - 1$, $\quad g(x) = 2x - 1$

(5) $f(x) = x^4 - 3x^2 + 2$, $\qquad g(x) = 2x + 1$

問題 20−5 解答

(1) $x^4 + 3x^3 - 2x^2 - 3 = (x^2 + 3x - 2)x^2 - 3$

(2) $x^3 + 4x^2 + x + 1 = (3x - 1)\left(\dfrac{1}{3}x^2 + \dfrac{13}{9}x + \dfrac{22}{27}\right) + \dfrac{49}{27}$

(3) $x^3 - 3x^2 + 2x + 1 = (3x + 2)\left(\dfrac{1}{3}x^2 - \dfrac{11}{9}x + \dfrac{40}{27}\right) - \dfrac{53}{27}$

(4) $x^4 + 2x^3 + x^2 - 2x - 1$

$= (2x - 1)\left(\dfrac{1}{2}x^3 + \dfrac{5}{4}x^2 + \dfrac{9}{8}x - \dfrac{7}{16}\right) - \dfrac{23}{16}$

(5) $x^4 - 3x^2 + 2 = (2x + 1)\left(\dfrac{1}{2}x^3 - \dfrac{1}{4}x^2 - \dfrac{11}{8}x + \dfrac{11}{16}\right) + \dfrac{21}{16}$

問題 20－6	今週のテーマ	多項式の割り算（上級編）						
		1	2	3	4	5	6	7
制限時間 A：5 分	実施日		月	日		得点		／5
制限時間 B：8 分	実施日		月	日		得点		／5

次の $f(x), g(x)$ に対し $f(x)$ を $g(x)Q(x)+r(x)$ の形で表せ。ただし $Q(x), r(x)$ は多項式で $r(x)$ の次数は $g(x)$ の次数より小さいものとする。

(1)　$f(x) = 3x^3 + 2x^2 + x - 2,$　　　$g(x) = 3x - 1$

(2)　$f(x) = 4x^3 + 3x^2 - 2x + 1,$　　　$g(x) = 2x - 3$

(3)　$f(x) = 2x^4 + x^3 + 4x + 1,$　　　$g(x) = x^2 + x + 2$

(4)　$f(x) = x^5 + 3x^3 + 2x^2 - 1,$　　　$g(x) = x^2 + x - 3$

(5)　$f(x) = x^5 - 2x^4 + 3x^3 + x + 1,$　$g(x) = x^2 + 2x - 2$

問題 20−6 解答

(1) $3x^3 + 2x^2 + x - 2 = (3x - 1)\left(x^2 + x + \dfrac{2}{3}\right) - \dfrac{4}{3}$

(2) $4x^3 + 3x^2 - 2x + 1 = (2x - 3)\left(2x^2 + \dfrac{9}{2}x + \dfrac{23}{4}\right) + \dfrac{73}{4}$

(3) $2x^4 + x^3 + 4x + 1 = (x^2 + x + 2)(2x^2 - x - 3) + 9x + 7$

(4) $x^5 + 3x^3 + 2x^2 - 1 = (x^2 + x - 3)(x^3 - x^2 + 7x - 8) + 29x - 25$

(5) $x^5 - 2x^4 + 3x^3 + x + 1$

$= (x^2 + 2x - 2)(x^3 - 4x^2 + 13x - 34) + 95x - 67$

制限時間 A：5 分	実施日	月 日	得点	／5
制限時間 B：8 分	実施日	月 日	得点	／5

次の $f(x), g(x)$ に対し $f(x)$ を $g(x)Q(x) + r(x)$ の形で表せ。ただし $Q(x), r(x)$ は多項式で $r(x)$ の次数は $g(x)$ の次数より小さいものとする。

(1) $f(x) = x^3 + x + 2,$ $\qquad\qquad\qquad g(x) = 3x - 2$

(2) $f(x) = 3x^3 + 2x^2 - 1,$ $\qquad\qquad\quad g(x) = 3x - 1$

(3) $f(x) = x^5 + 3x^4 - 2x^3 + 2x^2 + x - 2,$ $\quad g(x) = x^2 + 3x - 1$

(4) $f(x) = 2x^3 + 3x^2 + 2x + 4,$ $\qquad\qquad g(x) = 2x^2 + 3x + 1$

(5) $f(x) = x^4 + 2x^3 - 4x + 1,$ $\qquad\qquad\quad g(x) = 2x^2 + 1$

問題 20-7 解答

(1) $\quad x^3 + x + 2 = (3x - 2)\left(\dfrac{1}{3}x^2 + \dfrac{2}{9}x + \dfrac{13}{27}\right) + \dfrac{80}{27}$

(2) $\quad 3x^3 + 2x^2 - 1 = (3x - 1)\left(x^2 + x + \dfrac{1}{3}\right) - \dfrac{2}{3}$

(3) $\quad x^5 + 3x^4 - 2x^3 + 2x^2 + x - 2$

$\quad = (x^2 + 3x - 1)(x^3 - x + 5) - 15x + 3$

(4) $\quad 2x^3 + 3x^2 + 2x + 4 = (2x^2 + 3x + 1)x + x + 4$

(5) $\quad x^4 + 2x^3 - 4x + 1 = (2x^2 + 1)\left(\dfrac{1}{2}x^2 + x - \dfrac{1}{4}\right) - 5x + \dfrac{5}{4}$

第21回 平方完成と最大値・最小値（上級編）

Advanced Stage

 目標 　2次関数の最大最小問題に帰着して関数の最大値, 最小値あるいは値域をすばやく求められるようになる。

■ 革命計算法
Revolutionary Technique

1　問題 21−1 ～ 問題 21−3

$f(x)$ を平方完成して表し, 定義域に注意して関数の値域を求める問題である。

これは「中級編」の後半で扱ったものと同じである。

2　問題 21−4 ～ 問題 21−7

適当な置き換えによって, 2次関数の最大・最小問題に帰着する問題である。「適当な置き換え」については必要があれば, 各問題の下に記されている置き換えを参照にするとよい。

置き換えの際には, 置き換えた文字の取り得る範囲にも注意すること。

問題 21-1	今週のテーマ	平方完成と最大値・最小値（上級編）						
	1	2	3	4	5	6	7	

制限時間 A： **3** 分	実施日	月　日	得点	／5
制限時間 B： **6** 分	実施日	月　日	得点	／5

次の関数の値域を求めよ。

(1)　$f(x) = 2x^2 - 3x + 1$　$(0 \leqq x \leqq 1)$

(2)　$f(x) = -x^2 + 5x + 2$　$(-1 \leqq x \leqq 3)$

(3)　$f(x) = 3x^2 + 4x + 1$　$(-1 \leqq x \leqq 1)$

(4)　$f(x) = -2x^2 - 3x + 2$　$(-1 \leqq x \leqq 1)$

(5)　$f(x) = x^2 + 4x + 2$　$(0 \leqq x \leqq 3)$

問題 21−1 解答

(1) $-\dfrac{1}{8} \leqq f(x) \leqq 1$ (2) $-4 \leqq f(x) \leqq \dfrac{33}{4}$

(3) $-\dfrac{1}{3} \leqq f(x) \leqq 8$ (4) $-3 \leqq f(x) \leqq \dfrac{25}{8}$

(5) $2 \leqq f(x) \leqq 23$

【参考】

(1) $f(x) = 2\left(x - \dfrac{3}{4}\right)^2 - \dfrac{1}{8}$

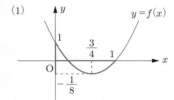
(1)

(2) $f(x) = -\left(x - \dfrac{5}{2}\right)^2 + \dfrac{33}{4}$

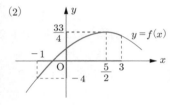
(2)

(3) $f(x) = 3\left(x + \dfrac{2}{3}\right)^2 - \dfrac{1}{3}$

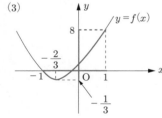
(3)

(4) $f(x) = -2\left(x + \dfrac{3}{4}\right)^2 + \dfrac{25}{8}$

(5) $f(x) = (x + 2)^2 - 2$

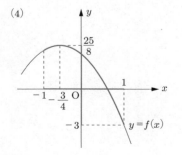
(4)

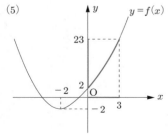
(5)

364

次の関数の値域を求めよ。

(1)　$f(x) = x^2 - 5x + 9$　$(-1 \leqq x \leqq 1)$

(2)　$f(x) = \dfrac{1}{3}x^2 - 4x + 2$　$(0 \leqq x \leqq 3)$

(3)　$f(x) = \dfrac{1}{2}x^2 + \dfrac{1}{3}x - 1$　$(-2 \leqq x \leqq 2)$

(4)　$f(x) = -3x^2 + \dfrac{4}{3}x + 2$　$(0 \leqq x \leqq 1)$

(5)　$f(x) = 2x^2 - 7x + 1$　$\left(-\dfrac{1}{2} \leqq x \leqq \dfrac{5}{2}\right)$

問題 21-2 解答

(1) $5 \leqq f(x) \leqq 15$ (2) $-7 \leqq f(x) \leqq 2$ (3) $-\dfrac{19}{18} \leqq f(x) \leqq \dfrac{5}{3}$

(4) $\dfrac{1}{3} \leqq f(x) \leqq \dfrac{58}{27}$ (5) $-\dfrac{41}{8} \leqq f(x) \leqq 5$

【参考】

(1) $f(x) = \left(x - \dfrac{5}{2}\right)^2 + \dfrac{11}{4}$

(2) $f(x) = \dfrac{1}{3}(x - 6)^2 - 10$

(3) $f(x) = \dfrac{1}{2}\left(x + \dfrac{1}{3}\right)^2 - \dfrac{19}{18}$

(4) $f(x) = -3\left(x - \dfrac{2}{9}\right)^2 + \dfrac{58}{27}$

(5) $f(x) = 2\left(x - \dfrac{7}{4}\right)^2 - \dfrac{41}{8}$

(1)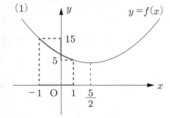

(2)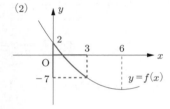

(3)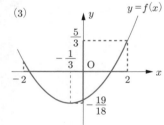

(4)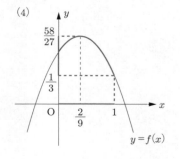

(5)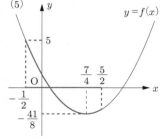

次の関数の値域を求めよ。

(1) $f(x) = 2x^2 - x + 2 \quad (0 \leqq x \leqq 2)$

(2) $f(x) = \dfrac{3}{2}x^2 - \dfrac{9}{4}x + 2 \quad (0 \leqq x \leqq 2)$

(3) $f(x) = \dfrac{4}{3}x^2 - \dfrac{2}{3}x + 1 \quad (-1 \leqq x \leqq 1)$

(4) $f(x) = \dfrac{1}{5}x^2 - \dfrac{1}{2}x + 3 \quad (0 \leqq x \leqq 2)$

(5) $f(x) = -\dfrac{2}{3}x^2 - 4x + 1 \quad (-5 \leqq x \leqq 0)$

問題 21−3 解答

(1) $\dfrac{15}{8} \leqq f(x) \leqq 8$ (2) $\dfrac{37}{32} \leqq f(x) \leqq \dfrac{7}{2}$ (3) $\dfrac{11}{12} \leqq f(x) \leqq 3$

(4) $\dfrac{43}{16} \leqq f(x) \leqq 3$ (5) $1 \leqq f(x) \leqq 7$

【参考】

(1) $f(x) = 2\left(x - \dfrac{1}{4}\right)^2 + \dfrac{15}{8}$

(2) $f(x) = \dfrac{3}{2}\left(x - \dfrac{3}{4}\right)^2 + \dfrac{37}{32}$

(3) $f(x) = \dfrac{4}{3}\left(x - \dfrac{1}{4}\right)^2 + \dfrac{11}{12}$

(4) $f(x) = \dfrac{1}{5}\left(x - \dfrac{5}{4}\right)^2 + \dfrac{43}{16}$

(5) $f(x) = -\dfrac{2}{3}(x + 3)^2 + 7$

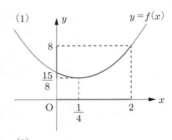

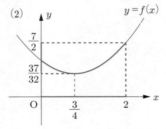

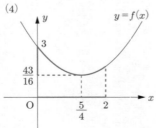

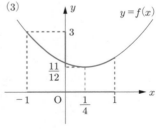

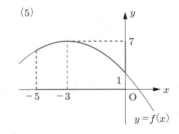

制限時間 A：3 分	実施日	月　日	得点	／5
制限時間 B：6 分	実施日	月　日	得点	／5

次の関数の最小値を求めよ。

(1)　$f(x) = x^2 - 4x + 2$

(2)　$f(x) = (x^2 - 4x + 2)^2 + 2(x^2 - 4x + 2) + 3$

(3)　$f(x) = (x^2 - 4x + 2)^2 + 6(x^2 - 4x + 2) + 5$

(4)　$f(x) = 2(x^2 - 4x + 2)^2 - 3(x^2 - 4x + 2) + 1$

(5)　$f(x) = (x^2 - 4x + 2)^2 + 2\sqrt{2}(x^2 - 4x + 2) + 3$

問題 21-4 解答

(1) -2 (2) 2 (3) -3 (4) $-\dfrac{1}{8}$ (5) 1

【参考】

(1) $f(x) = (x-2)^2 - 2$ より $f(x)$ の最小値は -2 である。

(2) $x^2 - 4x + 2 = t$ とおくと, t は $t \geqq -2$ の値をとる。また, $f(x)$ を t で表すと

$$f(x) = t^2 + 2t + 3 = (t+1)^2 + 2$$

となるから, $t = -1$ のとき最小値 2 をとる。

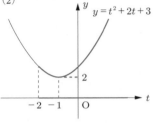

(3) $x^2 - 4x + 2 = t$ とおくと

$$f(x) = t^2 + 6t + 5 = (t+3)^2 - 4$$

である。$t \geqq -2$ であるから $t = -2$ のとき最小値 -3 をとる。

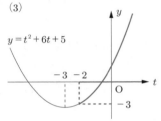

(4) $x^2 - 4x + 2 = t$ とおくと

$$f(x) = 2t^2 - 3t + 1 = 2\left(t - \dfrac{3}{4}\right)^2 - \dfrac{1}{8}$$

である。$t \geqq -2$ より $t = \dfrac{3}{4}$ のとき最小値 $-\dfrac{1}{8}$ をとる。

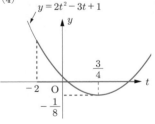

(5) $x^2 - 4x + 2 = t$ とおくと

$$f(x) = t^2 + 2\sqrt{2}t + 3 = (t+\sqrt{2})^2 + 1$$

である。$t \geqq -2$ より $t = -\sqrt{2}$ のとき最小値 1 をとる。

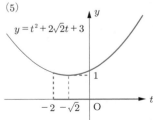

次の関数の最小値を求めよ。

(1) $f(x) = x - 4\sqrt{x} + 7$

(2) $f(x) = x + 6\sqrt{x} - 3$

(3) $f(x) = \dfrac{1}{x^2} - \dfrac{1}{x}$

(4) $f(x) = \dfrac{1}{x} - \dfrac{4}{\sqrt{x}}$

(5) $f(x) = x - 4\sqrt{x+1}$

Hint: それぞれの関数が適当な関数の「2 次関数の形」になっているのが見えなければ, (1), (2) は $\sqrt{x} = t$, (3) は $\dfrac{1}{x} = t$, (4) は $\dfrac{1}{\sqrt{x}} = t$, (5) は $\sqrt{x+1} = t$ とおいて考えてみるとよい。

問題 21-5 解答

(1) **3** (2) **−3** (3) $-\dfrac{1}{4}$ (4) **−4** (5) **−5**

【参考】

(1) $f(x) = (\sqrt{x} - 2)^2 + 3, \quad \sqrt{x} \geqq 0$
 より $f(x)$ は $\sqrt{x} = 2$ のとき最小値 3 をとる。

(2) $f(x) = (\sqrt{x} + 3)^2 - 12, \quad \sqrt{x} \geqq 0$
 であるから, $\sqrt{x} = 0$ のとき最小値 −3 をとる。

(3) $f(x) = \left(\dfrac{1}{x} - \dfrac{1}{2}\right)^2 - \dfrac{1}{4}$
 である。$\dfrac{1}{x}$ は 0 以外の値をすべてとるから $\dfrac{1}{x} = \dfrac{1}{2}$ のとき最小値 $-\dfrac{1}{4}$ をとる。

(4) $f(x) = \left(\dfrac{1}{\sqrt{x}} - 2\right)^2 - 4$
 である。$\dfrac{1}{\sqrt{x}} > 0$ であるから, $\dfrac{1}{\sqrt{x}} = 2$ のとき最小値 −4 をとる。

(5) $f(x) = (x + 1) - 4\sqrt{x + 1} - 1$
 $\qquad\quad = (\sqrt{x + 1} - 2)^2 - 5$
 であるから, $\sqrt{x + 1} = 2 \quad (\therefore \ x = 3)$ のとき最小値 −5 をとる。

次の関数の最小値を求めよ。ただし, $0° \leqq x < 360°$ とする。

(1)　$f(x) = \sin^2 x + \sin x + 2$

(2)　$f(x) = \sin^2 x + 6\sin x + 4$

(3)　$f(x) = \sin^2 x - 4\sin x + 6$

(4)　$f(x) = \sin x - \cos^2 x$

(5)　$f(x) = 2\cos x - 3\sin^2 x$

Hint: $\sin x = t$ あるいは $\cos x = t$ とおいて考えてみるとよい。このとき, t の範囲にも注意すること。

問題 21−6 解答

(1) $\dfrac{7}{4}$ (2) -1 (3) 3 (4) $-\dfrac{5}{4}$ (5) $-\dfrac{10}{3}$

【参考】

(1) $\sin x = t$ とおくと,

$$f(x) = t^2 + t + 2$$
$$= \left(t + \frac{1}{2}\right)^2 + \frac{7}{4}$$

$-1 \leqq t \leqq 1$ であるから, $t = -\dfrac{1}{2}$ のとき $f(x)$ は最小値 $\dfrac{7}{4}$ をとる。

(2) $\sin x = t$ とおくと,

$$f(x) = t^2 + 6t + 4 = (t + 3)^2 - 5$$

$-1 \leqq t \leqq 1$ であるから, $t = -1$ のとき $f(x)$ は最小値 -1 をとる。

(3) $\sin x = t$ とおくと,

$$f(x) = t^2 - 4t + 6 = (t - 2)^2 + 2$$

$-1 \leqq t \leqq 1$ であるから, $t = 1$ のとき $f(x)$ は最小値 3 をとる。

(4) $\sin x = t$ とおくと,

$$f(x) = t - (1 - t^2) = t^2 + t - 1$$
$$= \left(t + \frac{1}{2}\right)^2 - \frac{5}{4}$$

$-1 \leqq t \leqq 1$ であるから, $t = -\dfrac{1}{2}$ のとき $f(x)$ は最小値 $-\dfrac{5}{4}$ をとる。

(5) $\cos x = t$ とおくと,

$$f(x) = 2t - 3(1 - t^2) = 3t^2 + 2t - 3$$
$$= 3\left(t + \frac{1}{3}\right)^2 - \frac{10}{3}$$

$-1 \leqq t \leqq 1$ であるから $t = -\dfrac{1}{3}$ のとき $f(x)$ は最小値 $-\dfrac{10}{3}$ をとる。

次の関数の値域を求めよ。

(1)　$f(x) = 2^{2x} - 5 \cdot 2^x + 2$

(2)　$f(x) = 2^{2x} + 5 \cdot 2^x + 2$

(3)　$f(x) = 9^x - 8 \cdot 3^x + 3 \quad (x \geqq 0)$

(4)　$f(x) = 2^{4x+3} - 2^{2x+1} - 5 \quad (x \geqq 0)$

(5)　$f(x) = 3^{-2x+1} - 4 \cdot 3^{-x} + 2 \quad (x \geqq 0)$

問題 21−7 解答

(1) $f(x) \geqq -\dfrac{17}{4}$　(2) $f(x) > 2$　(3) $f(x) \geqq -13$

(4) $f(x) \geqq 1$　(5) $\dfrac{2}{3} \leqq f(x) < 2$

［注］

等号の有無に注意。

【参考】

(1) $2^x = t$ とおくと $2^{2x} = t^2$ であるから

$$f(x) = t^2 - 5t + 2$$
$$= \left(t - \dfrac{5}{2}\right)^2 - \dfrac{17}{4}$$

である。$t > 0$ であるから $f(x)$ の値域は

$f(x) \geqq -\dfrac{17}{4}$ である。

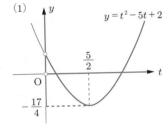

(1)
$y = t^2 - 5t + 2$

(2) $2^x = t$ とおくと $2^{2x} = t^2$ であるから

$$f(x) = t^2 + 5t + 2$$
$$= \left(t + \dfrac{5}{2}\right)^2 - \dfrac{17}{4}$$

である。$t > 0$ であるから $f(x)$ の値域は

$f(x) > 2$ である。

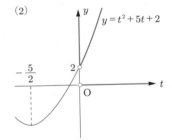

(2)
$y = t^2 + 5t + 2$

(3) $3^x = t$ とおくと $9^x = t^2$ であるから

$$f(x) = t^2 - 8t + 3$$
$$= (t - 4)^2 - 13$$

である。$x \geqq 0$ より $t \geqq 1$ であるから

$f(x)$ の値域は $f(x) \geqq -13$ である。

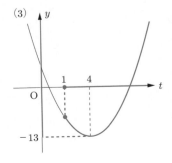

(3)

(4)　$2^{2x} = t$ とおくと $2^{4x+3} = 2^3 t^2$,
$2^{2x+1} = 2t$ であるから

$$f(x) = 8t^2 - 2t - 5$$
$$= 8\left(t - \frac{1}{8}\right)^2 - \frac{41}{8}$$

である。$x \geqq 0$ より $t \geqq 1$ であるから

　　$f(x)$ の値域は $f(x) \geqq 1$ である。

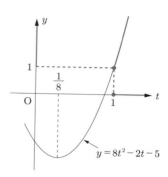

$y = 8t^2 - 2t - 5$

(5)　$3^{-x} = t$ とおくと $3^{-2x+1} = 3t^2$ である
から

$$f(x) = 3t^2 - 4t + 2$$
$$= 3\left(t - \frac{2}{3}\right)^2 + \frac{2}{3}$$

である。$x \geqq 0$ より $\left(t = \left(\dfrac{1}{3}\right)^x \text{より}\right)$
$0 < t \leqq 1$ であるから

　　$f(x)$ の値域は $\dfrac{2}{3} \leqq f(x) < 2$ である。

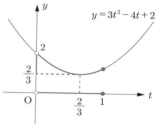

$y = 3t^2 - 4t + 2$

第22回 外積計算とその応用
Advanced Stage

目標
1. ベクトルの外積の計算に慣れる。
2. ベクトルの内積を利用した方程式の解法で計算力を鍛える。
3. ベクトルの内積および外積を利用した方程式の解法で計算力を鍛える。

[注]

この章ではベクトルの外積の計算練習を行うが、これは高校数学の範囲外なので答案で使用するには注意が必要である。また、内積を利用した方程式の解法を行うが、このような問題に対してつねにここで行う方法で計算せよというものではない。

■ 革命計算法
Revolutionary Technique

1. **ベクトルの外積**（問題 22−1, 問題 22−2）

2 つのベクトル $\vec{a} = \begin{pmatrix} a \\ b \\ c \end{pmatrix}$, $\vec{p} = \begin{pmatrix} p \\ q \\ r \end{pmatrix}$ は $\vec{a} \not\parallel \vec{p}$ かつ $\vec{a} \neq \vec{0}$, $\vec{p} \neq \vec{0}$

であるとする。このとき、$\vec{a}$ と $\vec{p}$ の両方に垂直なベクトルの 1 つは次の演算「×」によって得られることが知られている。

$$\begin{pmatrix} a \\ b \\ c \end{pmatrix} \times \begin{pmatrix} p \\ q \\ r \end{pmatrix} = \begin{pmatrix} br - cq \\ cp - ar \\ aq - bp \end{pmatrix} \qquad \cdots\cdots ①$$

[注]

この計算「×」はベクトルの外積と呼ばれるものである。この演算によって得られるベクトルには様々な性質があるが、ここでは得られたベクトルが元の 2 つのベクトルに垂直であることが確認されればよい。この確認については、次の 2 式の結果よりわかる。

第22回

$$\begin{pmatrix} br - cq \\ cp - ar \\ aq - bp \end{pmatrix} \cdot \begin{pmatrix} a \\ b \\ c \end{pmatrix} = a(br - cq) + b(cp - ar) + c(aq - bp) = 0$$

$$\begin{pmatrix} br - cq \\ cp - ar \\ aq - bp \end{pmatrix} \cdot \begin{pmatrix} p \\ q \\ r \end{pmatrix} = p(br - cq) + q(cp - ar) + r(aq - bp) = 0$$

さて, ① についてはこのままでは覚えにくいので次のように記憶するとよい。

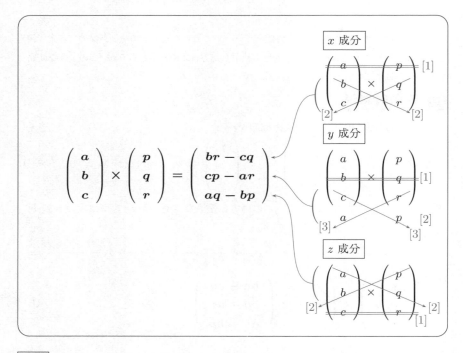

補足

x 成分を求めるには

[1] まず, x 成分を消す。

[2] ＼ の方向にかけた数から ／ の方向にかけた数を引く。

y 成分を求めるには

[1] まず, y 成分を消す。

[2] a, p は下段に付け加える。

[3]　＼ の方向にかけた数から ／ の方向にかけた数を引く。

　z 成分を求めるには

[1]　まず, z 成分を消す。

[2]　＼ の方向にかけた数から ／ の方向にかけた数を引く。

　以上の手順で求めるとよい。

例

(1)　$\begin{pmatrix} 3 \\ 2 \\ 1 \end{pmatrix} \times \begin{pmatrix} 2 \\ -1 \\ 4 \end{pmatrix}$ は次のように求める。

$$\begin{pmatrix} 3 \\ 2 \\ 1 \\ 3 \end{pmatrix} \times \begin{pmatrix} 2 \\ -1 \\ 4 \\ 2 \end{pmatrix} = \begin{pmatrix} 8 - (-1) \\ 2 - 12 \\ -3 - 4 \end{pmatrix} = \begin{pmatrix} 9 \\ -10 \\ -7 \end{pmatrix}$$

——慣れるまでは書き加えて計算するとよい

(2)　$\begin{pmatrix} -4 \\ 3 \\ 1 \end{pmatrix} \times \begin{pmatrix} 2 \\ -5 \\ 2 \end{pmatrix}$ は次のように求める。

$$\begin{pmatrix} -4 \\ 3 \\ 1 \\ -4 \end{pmatrix} \times \begin{pmatrix} 2 \\ -5 \\ 2 \\ 2 \end{pmatrix} = \begin{pmatrix} 6 - (-5) \\ 2 - (-8) \\ 20 - 6 \end{pmatrix} = \begin{pmatrix} 11 \\ 10 \\ 14 \end{pmatrix}$$

——慣れるまでは書き加えて計算するとよい

　慣れてきたら, 一度に結果を書くようにする。

2　ベクトルの内積を利用した方程式の解法（問題 22−3, 問題 22−4）

　次のような式を満たす x, y を求めたいとする。

$$x \begin{pmatrix} 3 \\ 1 \end{pmatrix} + y \begin{pmatrix} 5 \\ 3 \end{pmatrix} = \begin{pmatrix} 19 \\ 9 \end{pmatrix} \qquad \cdots\cdots②$$

まず, x を求めよう。そのためには「y を消す」工夫を考える。y を消すには $\begin{pmatrix} 5 \\ 3 \end{pmatrix}$

に垂直なベクトルとの内積をとるとよい。一般に $\begin{pmatrix} a \\ b \end{pmatrix}$ に垂直なベクトルとしては

$\begin{pmatrix} -b \\ a \end{pmatrix}$ あるいは $\begin{pmatrix} b \\ -a \end{pmatrix}$ を用意するとよいからここではまず $\begin{pmatrix} 3 \\ -5 \end{pmatrix}$ を用意し, ② の両辺との内積をとる。次のようになる。

$$\left\{ x\begin{pmatrix} 3 \\ 1 \end{pmatrix} + y\begin{pmatrix} 5 \\ 3 \end{pmatrix} \right\} \cdot \begin{pmatrix} 3 \\ -5 \end{pmatrix} = \begin{pmatrix} 19 \\ 9 \end{pmatrix} \cdot \begin{pmatrix} 3 \\ -5 \end{pmatrix}$$

左辺は分配法則を用いて

$$x\begin{pmatrix} 3 \\ 1 \end{pmatrix} \cdot \begin{pmatrix} 3 \\ -5 \end{pmatrix} + y\underbrace{\begin{pmatrix} 5 \\ 3 \end{pmatrix} \cdot \begin{pmatrix} 3 \\ -5 \end{pmatrix}}_{\text{ここは「予定通り」0になる}} = 57 - 45$$

$\therefore$ $4x = 12$ ......③

$\therefore$ $x = 3$

同じように, y を求めるには x を消したいので $\begin{pmatrix} 3 \\ 1 \end{pmatrix}$ に垂直なベクトルの1つである $\begin{pmatrix} 1 \\ -3 \end{pmatrix}$ との内積をとり

$$\left\{ x\begin{pmatrix} 3 \\ 1 \end{pmatrix} + y\begin{pmatrix} 5 \\ 3 \end{pmatrix} \right\} \cdot \begin{pmatrix} 1 \\ -3 \end{pmatrix} = \begin{pmatrix} 19 \\ 9 \end{pmatrix} \cdot \begin{pmatrix} 1 \\ -3 \end{pmatrix}$$

$$x\underbrace{\begin{pmatrix} 3 \\ 1 \end{pmatrix} \cdot \begin{pmatrix} 1 \\ -3 \end{pmatrix}}_{\text{ここは「予定通り」0になる}} + y\begin{pmatrix} 5 \\ 3 \end{pmatrix} \cdot \begin{pmatrix} 1 \\ -3 \end{pmatrix} = 19 - 27$$

$\therefore$ $-4y = -8$ ......④

$\therefore$ $y = 2$

となる。

問題 22−3, 22−4 では ② から一気に ③, ④ を書くように (途中は頭の中で計算する) 求めること。

[注]

$x = 3$ を求めた後は, ② に $x = 3$ を代入して y を求めてもよい。

3 ベクトルの内積および外積を利用した方程式の解法 (問題 22-5 〜 問題 22-7)

今度は計算量が多いので, 次のような方程式の x だけを求めればよいことにする。

$$x \begin{pmatrix} 2 \\ 1 \\ 1 \end{pmatrix} + y \begin{pmatrix} 1 \\ 0 \\ 1 \end{pmatrix} + z \begin{pmatrix} 3 \\ -2 \\ 1 \end{pmatrix} = \begin{pmatrix} 8 \\ 0 \\ 4 \end{pmatrix} \qquad \cdots\cdots ⑤$$

x を求めるには, y, z を消去したい。そこで, $\begin{pmatrix} 1 \\ 0 \\ 1 \end{pmatrix}, \begin{pmatrix} 3 \\ -2 \\ 1 \end{pmatrix}$ の両方に垂直なベクトルを求め, ⑤ の両辺との内積を計算する。この 2 つのベクトルに垂直なベクトルは問題 22-1, 22-2 で扱ったベクトルの外積の計算方法を利用するとよい。

$$\begin{pmatrix} 1 \\ 0 \\ 1 \end{pmatrix} \times \begin{pmatrix} 3 \\ -2 \\ 1 \end{pmatrix} = \begin{pmatrix} 2 \\ 2 \\ -2 \end{pmatrix}$$

より, $\begin{pmatrix} 2 \\ 2 \\ -2 \end{pmatrix}$ が $\begin{pmatrix} 1 \\ 0 \\ 1 \end{pmatrix}$ と $\begin{pmatrix} 3 \\ -2 \\ 1 \end{pmatrix}$ の両方に垂直なベクトルだから,

$$\left\{ x \begin{pmatrix} 2 \\ 1 \\ 1 \end{pmatrix} + y \begin{pmatrix} 1 \\ 0 \\ 1 \end{pmatrix} + z \begin{pmatrix} 3 \\ -2 \\ 1 \end{pmatrix} \right\} \cdot \begin{pmatrix} 2 \\ 2 \\ -2 \end{pmatrix} = \begin{pmatrix} 8 \\ 0 \\ 4 \end{pmatrix} \cdot \begin{pmatrix} 2 \\ 2 \\ -2 \end{pmatrix}$$

分配法則を用いて

$$x \begin{pmatrix} 2 \\ 1 \\ 1 \end{pmatrix} \cdot \begin{pmatrix} 2 \\ 2 \\ -2 \end{pmatrix} + y \underbrace{\begin{pmatrix} 1 \\ 0 \\ 1 \end{pmatrix} \cdot \begin{pmatrix} 2 \\ 2 \\ -2 \end{pmatrix}}_{(\bigstar)} + z \underbrace{\begin{pmatrix} 3 \\ -2 \\ 1 \end{pmatrix} \cdot \begin{pmatrix} 2 \\ 2 \\ -2 \end{pmatrix}}_{(\bigstar)}$$

$$= 16 + 0 - 8$$

$$\therefore \quad 4x = 8 \qquad \cdots\cdots ⑥$$

$$\therefore \quad x = 2$$

を得る。

問題 22-5 〜 22-7 では, ⑤ の次に, ベクトルの外積の計算を行い, その後には一気に ⑥ を書くようにしたい。

[注]

1° (★) の部分が 0 になるのは「計算する以前にわかっていること」なので, 最初から書かなくてもよい。

2° $\begin{pmatrix} 2 \\ 2 \\ -2 \end{pmatrix} /\!/ \begin{pmatrix} 1 \\ 1 \\ -1 \end{pmatrix}$ であるから, ⑤ の両辺と $\begin{pmatrix} 1 \\ 1 \\ -1 \end{pmatrix}$ の内積をとって

$$x \begin{pmatrix} 2 \\ 1 \\ 1 \end{pmatrix} \cdot \begin{pmatrix} 1 \\ 1 \\ -1 \end{pmatrix} = \begin{pmatrix} 8 \\ 0 \\ 4 \end{pmatrix} \cdot \begin{pmatrix} 1 \\ 1 \\ -1 \end{pmatrix}$$

$\therefore \quad 2x = 4$

$\therefore \quad x = 2$

のように求めてもよい。

問題	今週のテーマ						
22-1	**外積計算とその応用**						
	1	2	3	4	5	6	7

制限時間 A：**3** 分	実施日	月 日	得点	/5
制限時間 B：**6** 分	実施日	月 日	得点	/5

次のベクトルの外積を求めよ。

縦ベクトル

(1) $\begin{pmatrix} 1 \\ 2 \\ 1 \end{pmatrix} \times \begin{pmatrix} 1 \\ 0 \\ 1 \end{pmatrix}$
(2) $\begin{pmatrix} 2 \\ 0 \\ 1 \end{pmatrix} \times \begin{pmatrix} 1 \\ 2 \\ 3 \end{pmatrix}$

(3) $\begin{pmatrix} 1 \\ 3 \\ 0 \end{pmatrix} \times \begin{pmatrix} 2 \\ -1 \\ 1 \end{pmatrix}$
(4) $\begin{pmatrix} 1 \\ -2 \\ 3 \end{pmatrix} \times \begin{pmatrix} 1 \\ 1 \\ 0 \end{pmatrix}$

(5) $\begin{pmatrix} 2 \\ 1 \\ 1 \end{pmatrix} \times \begin{pmatrix} 0 \\ 2 \\ 1 \end{pmatrix}$

横ベクトル

(1) $(1, 2, 1) \times (1, 0, 1)$
(2) $(2, 0, 1) \times (1, 2, 3)$

(3) $(1, 3, 0) \times (2, -1, 1)$
(4) $(1, -2, 3) \times (1, 1, 0)$

(5) $(2, 1, 1) \times (0, 2, 1)$

問題 22−1 解答

縦ベクトル

(1) $\begin{pmatrix} 2 \\ 0 \\ -2 \end{pmatrix}$ (2) $\begin{pmatrix} -2 \\ -5 \\ 4 \end{pmatrix}$ (3) $\begin{pmatrix} 3 \\ -1 \\ -7 \end{pmatrix}$

(4) $\begin{pmatrix} -3 \\ 3 \\ 3 \end{pmatrix}$ (5) $\begin{pmatrix} -1 \\ -2 \\ 4 \end{pmatrix}$

横ベクトル

(1) $(2, 0, -2)$ (2) $(-2, -5, 4)$ (3) $(3, -1, -7)$

(4) $(-3, 3, 3)$ (5) $(-1, -2, 4)$

問題 22-2	今週のテーマ 外積計算とその応用						
	1	**2**	3	4	5	6	7
制限時間 A：3 分	実施日　　月　　日				得点　　／5		
制限時間 B：6 分	実施日　　月　　日				得点　　／5		

次のベクトルの外積を求めよ。

縦ベクトル

(1) $\begin{pmatrix} 2 \\ 1 \\ -2 \end{pmatrix} \times \begin{pmatrix} 3 \\ 1 \\ 1 \end{pmatrix}$　　(2) $\begin{pmatrix} 4 \\ 2 \\ 1 \end{pmatrix} \times \begin{pmatrix} 1 \\ 2 \\ 3 \end{pmatrix}$

(3) $\begin{pmatrix} 2 \\ 1 \\ 3 \end{pmatrix} \times \begin{pmatrix} -3 \\ 1 \\ -2 \end{pmatrix}$　　(4) $\begin{pmatrix} -2 \\ 1 \\ -3 \end{pmatrix} \times \begin{pmatrix} 5 \\ 2 \\ 1 \end{pmatrix}$

(5) $\begin{pmatrix} -2 \\ 1 \\ -4 \end{pmatrix} \times \begin{pmatrix} 3 \\ -1 \\ 2 \end{pmatrix}$

横ベクトル

(1) $(2,\ 1,\ -2) \times (3,\ 1,\ 1)$　　(2) $(4,\ 2,\ 1) \times (1,\ 2,\ 3)$

(3) $(2,\ 1,\ 3) \times (-3,\ 1,\ -2)$　　(4) $(-2,\ 1,\ -3) \times (5,\ 2,\ 1)$

(5) $(-2,\ 1,\ -4) \times (3,\ -1,\ 2)$

問題 22-2 解答

縦ベクトル

(1) $\begin{pmatrix} 3 \\ -8 \\ -1 \end{pmatrix}$ (2) $\begin{pmatrix} 4 \\ -11 \\ 6 \end{pmatrix}$ (3) $\begin{pmatrix} -5 \\ -5 \\ 5 \end{pmatrix}$

(4) $\begin{pmatrix} 7 \\ -13 \\ -9 \end{pmatrix}$ (5) $\begin{pmatrix} -2 \\ -8 \\ -1 \end{pmatrix}$

横ベクトル

(1) $(3, -8, -1)$ (2) $(4, -11, 6)$ (3) $(-5, -5, 5)$

(4) $(7, -13, -9)$ (5) $(-2, -8, -1)$

問題 **22-3**	今週のテーマ **外積計算とその応用**						
	1	2	**3**	4	5	6	7

制限時間 A : **3** 分	実施日　　　月　　日	得点	/3
制限時間 B : **6** 分	実施日　　　月　　日	得点	/3

次の方程式を満たす x および y を求めよ。

縦ベクトル

(1) $x\begin{pmatrix}1\\2\end{pmatrix}+y\begin{pmatrix}2\\3\end{pmatrix}=\begin{pmatrix}11\\18\end{pmatrix}$

(2) $x\begin{pmatrix}3\\1\end{pmatrix}+y\begin{pmatrix}5\\2\end{pmatrix}=\begin{pmatrix}1\\0\end{pmatrix}$

(3) $x\begin{pmatrix}5\\3\end{pmatrix}+y\begin{pmatrix}3\\2\end{pmatrix}=\begin{pmatrix}-1\\0\end{pmatrix}$

横ベクトル

(1) $x(1,\,2)+y(2,\,3)=(11,\,18)$

(2) $x(3,\,1)+y(5,\,2)=(1,\,0)$

(3) $x(5,\,3)+y(3,\,2)=(-1,\,0)$

389

問題 22−3 解答

(1) $x = 3$, $y = 4$ (2) $x = 2$, $y = -1$ (3) $x = -2$, $y = 3$

制限時間 A：**3** 分	実施日	月 日	得点	／3
制限時間 B：**6** 分	実施日	月 日	得点	／3

次の方程式を満たす x および y を求めよ。

縦ベクトル

(1) $x \begin{pmatrix} 3 \\ 3 \end{pmatrix} + y \begin{pmatrix} 1 \\ 2 \end{pmatrix} = \begin{pmatrix} 6 \\ 9 \end{pmatrix}$

(2) $x \begin{pmatrix} 4 \\ 5 \end{pmatrix} + y \begin{pmatrix} 1 \\ 2 \end{pmatrix} = \begin{pmatrix} -2 \\ -1 \end{pmatrix}$

(3) $x \begin{pmatrix} 5 \\ 1 \end{pmatrix} + y \begin{pmatrix} 3 \\ -1 \end{pmatrix} = \begin{pmatrix} 9 \\ 5 \end{pmatrix}$

横ベクトル

(1) $x(3,\ 3) + y(1,\ 2) = (6,\ 9)$

(2) $x(4,\ 5) + y(1,\ 2) = (-2,\ -1)$

(3) $x(5,\ 1) + y(3,\ -1) = (9,\ 5)$

問題 22−4 解答

(1) $x = 1$, $y = 3$ (2) $x = -1$, $y = 2$ (3) $x = 3$, $y = -2$

次の方程式を満たす x を求めよ (x のみでよい)。

縦ベクトル

(1) $x \begin{pmatrix} 1 \\ 2 \\ 1 \end{pmatrix} + y \begin{pmatrix} 3 \\ 1 \\ 2 \end{pmatrix} + z \begin{pmatrix} 1 \\ 1 \\ 2 \end{pmatrix} = \begin{pmatrix} 6 \\ 6 \\ 6 \end{pmatrix}$

(2) $x \begin{pmatrix} 2 \\ 1 \\ -1 \end{pmatrix} + y \begin{pmatrix} 1 \\ -3 \\ 2 \end{pmatrix} + z \begin{pmatrix} 1 \\ 1 \\ -2 \end{pmatrix} = \begin{pmatrix} 1 \\ 0 \\ 3 \end{pmatrix}$

(3) $x \begin{pmatrix} 2 \\ 3 \\ 1 \end{pmatrix} + y \begin{pmatrix} 1 \\ 0 \\ -2 \end{pmatrix} + z \begin{pmatrix} 2 \\ 3 \\ -4 \end{pmatrix} = \begin{pmatrix} 5 \\ 2 \\ 5 \end{pmatrix}$

横ベクトル

(1) $x(1,\ 2,\ 1) + y(3,\ 1,\ 2) + z(1,\ 1,\ 2) = (6,\ 6,\ 6)$

(2) $x(2,\ 1,\ -1) + y(1,\ -3,\ 2) + z(1,\ 1,\ -2) = (1,\ 0,\ 3)$

(3) $x(2,\ 3,\ 1) + y(1,\ 0,\ -2) + z(2,\ 3,\ -4) = (5,\ 2,\ 5)$

問題 22−5 解答

(1) $x = 2$ (2) $x = 2$ (3) $x = 3$

【参考】(縦ベクトルのみ)

(1) $\begin{pmatrix} 3 \\ 1 \\ 2 \end{pmatrix} \times \begin{pmatrix} 1 \\ 1 \\ 2 \end{pmatrix} = \begin{pmatrix} 0 \\ -4 \\ 2 \end{pmatrix}$

(2) $\begin{pmatrix} 1 \\ -3 \\ 2 \end{pmatrix} \times \begin{pmatrix} 1 \\ 1 \\ -2 \end{pmatrix} = \begin{pmatrix} 4 \\ 4 \\ 4 \end{pmatrix}$

(3) $\begin{pmatrix} 1 \\ 0 \\ -2 \end{pmatrix} \times \begin{pmatrix} 2 \\ 3 \\ -4 \end{pmatrix} = \begin{pmatrix} 6 \\ 0 \\ 3 \end{pmatrix}$

問題	今週のテーマ **外積計算とその応用**						
22−6	1	2	3	4	5	**6**	7
制限時間 A： **3** 分	実施日		月	日		得点	／3
制限時間 B： **6** 分	実施日		月	日		得点	／3

次の方程式を満たす x を求めよ (x のみでよい)。

縦ベクトル

(1) $\quad x\begin{pmatrix} 3 \\ -2 \\ 2 \end{pmatrix} + y\begin{pmatrix} 1 \\ -3 \\ 5 \end{pmatrix} + z\begin{pmatrix} 3 \\ 1 \\ -5 \end{pmatrix} = \begin{pmatrix} 1 \\ 2 \\ 3 \end{pmatrix}$

(2) $\quad x\begin{pmatrix} 3 \\ 4 \\ -2 \end{pmatrix} + y\begin{pmatrix} 2 \\ 6 \\ 1 \end{pmatrix} + z\begin{pmatrix} -1 \\ 2 \\ 2 \end{pmatrix} = \begin{pmatrix} 4 \\ 0 \\ 1 \end{pmatrix}$

(3) $\quad x\begin{pmatrix} 1 \\ 3 \\ 5 \end{pmatrix} + y\begin{pmatrix} 3 \\ 2 \\ -1 \end{pmatrix} + z\begin{pmatrix} 1 \\ 4 \\ 3 \end{pmatrix} = \begin{pmatrix} 4 \\ -3 \\ 2 \end{pmatrix}$

横ベクトル

(1) $\quad x(3,\ -2,\ 2) + y(1,\ -3,\ 5) + z(3,\ 1,\ -5) = (1,\ 2,\ 3)$

(2) $\quad x(3,\ 4,\ -2) + y(2,\ 6,\ 1) + z(-1,\ 2,\ 2) = (4,\ 0,\ 1)$

(3) $\quad x(1,\ 3,\ 5) + y(3,\ 2,-1) + z(1,\ 4,\ 3) = (4,\ -3,\ 2)$

問題 22−6 解答

(1) $x = 8$　(2) $x = -5$　(3) $x = 3$

【参考】（縦ベクトルのみ）

(1) $\begin{pmatrix} 1 \\ -3 \\ 5 \end{pmatrix} \times \begin{pmatrix} 3 \\ 1 \\ -5 \end{pmatrix} = \begin{pmatrix} 10 \\ 20 \\ 10 \end{pmatrix}$

(2) $\begin{pmatrix} 2 \\ 6 \\ 1 \end{pmatrix} \times \begin{pmatrix} -1 \\ 2 \\ 2 \end{pmatrix} = \begin{pmatrix} 10 \\ -5 \\ 10 \end{pmatrix}$

(3) $\begin{pmatrix} 3 \\ 2 \\ -1 \end{pmatrix} \times \begin{pmatrix} 1 \\ 4 \\ 3 \end{pmatrix} = \begin{pmatrix} 10 \\ -10 \\ 10 \end{pmatrix}$

制限時間 A： **3** 分	実施日　　　月　　日	得点	／3
制限時間 B： **6** 分	実施日　　　月　　日	得点	／3

次の方程式を満たす x を求めよ（x のみでよい）。

縦ベクトル

(1) $x \begin{pmatrix} 3 \\ 2 \\ 4 \end{pmatrix} + y \begin{pmatrix} 2 \\ -3 \\ 0 \end{pmatrix} + z \begin{pmatrix} 1 \\ -3 \\ 1 \end{pmatrix} = \begin{pmatrix} 6 \\ 2 \\ 1 \end{pmatrix}$

(2) $x \begin{pmatrix} -2 \\ 1 \\ 3 \end{pmatrix} + y \begin{pmatrix} -5 \\ 1 \\ 1 \end{pmatrix} + z \begin{pmatrix} 1 \\ 1 \\ -2 \end{pmatrix} = \begin{pmatrix} 0 \\ 1 \\ 2 \end{pmatrix}$

(3) $x \begin{pmatrix} 2 \\ 4 \\ 5 \end{pmatrix} + y \begin{pmatrix} 1 \\ 1 \\ 1 \end{pmatrix} + z \begin{pmatrix} 2 \\ 1 \\ 4 \end{pmatrix} = \begin{pmatrix} 6 \\ 1 \\ 2 \end{pmatrix}$

横ベクトル

(1) $x(3,\ 2,\ 4) + y(2,\ -3,\ 0) + z(1,\ -3,\ 1) = (6,\ 2,\ 1)$

(2) $x(-2,\ 1,\ 3) + y(-5,\ 1,\ 1) + z(1,\ 1,\ -2) = (0,\ 1,\ 2)$

(3) $x(2,\ 4,\ 5) + y(1,\ 1, 1) + z(2,\ 1,\ 4) = (6,\ 1,\ 2)$

問題 22−7 解答

(1) $x = 1$ (2) $x = 1$ (3) $x = -2$

【参考】(縦ベクトルのみ)

(1) $\begin{pmatrix} 2 \\ -3 \\ 0 \end{pmatrix} \times \begin{pmatrix} 1 \\ -3 \\ 1 \end{pmatrix} = \begin{pmatrix} -3 \\ -2 \\ -3 \end{pmatrix}$

(2) $\begin{pmatrix} -5 \\ 1 \\ 1 \end{pmatrix} \times \begin{pmatrix} 1 \\ 1 \\ -2 \end{pmatrix} = \begin{pmatrix} -3 \\ -9 \\ -6 \end{pmatrix}$

(3) $\begin{pmatrix} 1 \\ 1 \\ 1 \end{pmatrix} \times \begin{pmatrix} 2 \\ 1 \\ 4 \end{pmatrix} = \begin{pmatrix} 3 \\ -2 \\ -1 \end{pmatrix}$

付録
数学 I・A，II・B・C
追加補充編

第23回
Supplement Stage
多項式の展開 (その2)

この章は第 1 回「多項式の展開」の補充問題である。この章の取り組み方は第 1 回と同じであるから第 1 回と同じように解くとよい。

問題	今週のテーマ							
23-1	**多項式の展開（その2）**							
	1	2	3	4	5	6	7	

制限時間A：**5**分	実施日	月 日	得点	/8
制限時間B：**8**分	実施日	月 日	得点	/8

次の式を展開して整理せよ。

(1)　$(x^2 - 2x + 5)(3x - 2)$

(2)　$(x^2 + 3x + 2)(2x - 1)$

(3)　$(2x^2 + x - 3)(2x - 3)$

(4)　$(2x^2 + 5x - 2)(-3x + 2)$

(5)　$(2x^2 - 6x + 2)(3x - 4)$

(6)　$(3x^3 - 4x^2 + 6x + 2)(2x - 5)$

(7)　$(2x^3 + 3x^2 - 4x + 1)(-2x + 7)$

(8)　$(4x^3 - 5x^2 + 2x - 3)(3x - 2)$

問題 23−1 解答

(1) $3x^3 - 8x^2 + 19x - 10$

(2) $2x^3 + 5x^2 + x - 2$

(3) $4x^3 - 4x^2 - 9x + 9$

(4) $-6x^3 - 11x^2 + 16x - 4$

(5) $6x^3 - 26x^2 + 30x - 8$

(6) $6x^4 - 23x^3 + 32x^2 - 26x - 10$

(7) $-4x^4 + 8x^3 + 29x^2 - 30x + 7$

(8) $12x^4 - 23x^3 + 16x^2 - 13x + 6$

次の式を展開して整理せよ。

(1)　$(x^2 + 3x - 2)(2x - 3)$

(2)　$(3x^2 + 4x + 3)(2x - 5)$

(3)　$(x^3 - 6x^2 + 3x + 1)(x - 2)$

(4)　$(x^3 - x^2 + 3x + 2)(2x - 1)$

(5)　$(3x^3 + 2x^2 - 4)(x + 2)$

(6)　$(2x^3 - 5x + 3)(3x - 1)$

(7)　$(3x^3 - 4x^2 + x + 3)(2x - 3)$

(8)　$(x^2 + x - 2)(x^2 - 5x - 1)$

問題 23−2 解答

(1) $2x^3 + 3x^2 - 13x + 6$

(2) $6x^3 - 7x^2 - 14x - 15$

(3) $x^4 - 8x^3 + 15x^2 - 5x - 2$

(4) $2x^4 - 3x^3 + 7x^2 + x - 2$

(5) $3x^4 + 8x^3 + 4x^2 - 4x - 8$

(6) $6x^4 - 2x^3 - 15x^2 + 14x - 3$

(7) $6x^4 - 17x^3 + 14x^2 + 3x - 9$

(8) $x^4 - 4x^3 - 8x^2 + 9x + 2$

制限時間 A： **5** 分	実施日	月　日	得点	／8
制限時間 B： **8** 分	実施日	月　日	得点	／8

次の式を展開して整理せよ。

(1) $(4x^2 - 3x + 2)(2x + 3)$

(2) $(x^3 + 2x^2 - x - 1)(3x + 2)$

(3) $(2x^3 - x^2 + x + 4)(x - 5)$

(4) $(3x^3 - 6x + 4)(2x - 1)$

(5) $(x^2 - 5x + 1)(x^2 + x + 4)$

(6) $(2x^2 + x + 2)(x^2 - x - 3)$

(7) $(x^2 + 2x - 4)(2x^2 + x - 6)$

(8) $(x^2 - 3x + 1)^2$

問題 23−3 解答

(1) $8x^3 + 6x^2 - 5x + 6$

(2) $3x^4 + 8x^3 + x^2 - 5x - 2$

(3) $2x^4 - 11x^3 + 6x^2 - x - 20$

(4) $6x^4 - 3x^3 - 12x^2 + 14x - 4$

(5) $x^4 - 4x^3 - 19x + 4$

(6) $2x^4 - x^3 - 5x^2 - 5x - 6$

(7) $2x^4 + 5x^3 - 12x^2 - 16x + 24$

(8) $x^4 - 6x^3 + 11x^2 - 6x + 1$

次の式を展開して整理せよ。

(1) $(x^2 + 3x + 6)(7x - 3)$

(2) $(2x^3 + 3x^2 - x + 1)(3x + 2)$

(3) $(2x^3 - 5x^2 + x + 2)(3x + 4)$

(4) $(x^2 - 7x - 5)(x^2 + x - 4)$

(5) $(2x^2 + x - 3)(x^2 + 3x - 6)$

(6) $(2x^2 - x - 2)^2$

(7) $(x^2 + 2x - 6)^2$

(8) $(x^3 - 4x^2 + x + 2)(x^2 - x - 1)$

問題 23−4 解答

(1) $7x^3 + 18x^2 + 33x - 18$

(2) $6x^4 + 13x^3 + 3x^2 + x + 2$

(3) $6x^4 - 7x^3 - 17x^2 + 10x + 8$

(4) $x^4 - 6x^3 - 16x^2 + 23x + 20$

(5) $2x^4 + 7x^3 - 12x^2 - 15x + 18$

(6) $4x^4 - 4x^3 - 7x^2 + 4x + 4$

(7) $x^4 + 4x^3 - 8x^2 - 24x + 36$

(8) $x^5 - 5x^4 + 4x^3 + 5x^2 - 3x - 2$

次の式を展開して整理せよ。

(1) $(x^3 + x^2 - 3x - 2)(2x + 3)$

(2) $(2x^3 + 5x^2 - 2)(4x + 7)$

(3) $(3x^2 - 6x + 7)(x^2 + 2x - 4)$

(4) $(x^3 - 2x^2 + 3x - 1)(x^2 + 2x - 2)$

(5) $(3x^3 - 4x^2 + 3x - 2)(x^2 - 6x - 4)$

(6) $(3x^3 - 7x + 4)(x^2 + 2x - 5)$

(7) $(x + 3)(x - 1)(x - 3)$

(8) $(x + 2)(x - 4)(x + 6)$

問題 23−5 解答

(1) $2x^4 + 5x^3 - 3x^2 - 13x - 6$

(2) $8x^4 + 34x^3 + 35x^2 - 8x - 14$

(3) $3x^4 - 17x^2 + 38x - 28$

(4) $x^5 - 3x^3 + 9x^2 - 8x + 2$

(5) $3x^5 - 22x^4 + 15x^3 - 4x^2 + 8$

(6) $3x^5 + 6x^4 - 22x^3 - 10x^2 + 43x - 20$

(7) $x^3 - x^2 - 9x + 9$

(8) $x^3 + 4x^2 - 20x - 48$

問題 23-6		1	2	3	4	5	**6**	7
制限時間 A： 5 分	実施日　　月　　日				得点			／6
制限時間 B： 8 分	実施日　　月　　日				得点			／6

次の式を展開して整理せよ。

(1) $(2x^3 - 6x^2 + x - 5)(x^2 + x - 3)$

(2) $(3x^3 + 2x^2 - 6x + 3)(x^2 - x + 2)$

(3) $(3x + 2)(x + 1)(3x - 2)$

(4) $(4x - 1)(x - 1)(x + 4)$

(5) $\left(2x^2 - \dfrac{5}{2}x + 1\right)(x^2 - 4x - 2)$

(6) $\left(3x^2 - \dfrac{3}{2}x + \dfrac{1}{2}\right)(x^2 + 2x - 2)$

問題 **23－6** 解答

(1) $2x^5 - 4x^4 - 11x^3 + 14x^2 - 8x + 15$

(2) $3x^5 - x^4 - 2x^3 + 13x^2 - 15x + 6$

(3) $9x^3 + 9x^2 - 4x - 4$

(4) $4x^3 + 11x^2 - 19x + 4$

(5) $2x^4 - \dfrac{21}{2}x^3 + 7x^2 + x - 2$

(6) $3x^4 + \dfrac{9}{2}x^3 - \dfrac{17}{2}x^2 + 4x - 1$

次の式を展開して整理せよ。

(1)　$(x^3 - 4x^2 - x + 3)(2x^2 - x + 3)$

(2)　$\left(3x^2 - \dfrac{1}{3}x + 2\right)^2$

(3)　$(x - 2)(x - 4)(x - 6)$

(4)　$\left(x^2 + \dfrac{3}{4}x + \dfrac{3}{4}\right)(2x^2 - x + 4)$

(5)　$\left(2x^2 - \dfrac{1}{3}x + 1\right)(3x^2 - x + 2)$

(6)　$\left(x^2 + \dfrac{5}{2}x - \dfrac{1}{3}\right)\left(x^2 + \dfrac{2}{3}x - \dfrac{1}{2}\right)$

問題 23-7 解答

(1) $2x^5 - 9x^4 + 5x^3 - 5x^2 - 6x + 9$

(2) $9x^4 - 2x^3 + \dfrac{109}{9}x^2 - \dfrac{4}{3}x + 4$

(3) $x^3 - 12x^2 + 44x - 48$

(4) $2x^4 + \dfrac{1}{2}x^3 + \dfrac{19}{4}x^2 + \dfrac{9}{4}x + 3$

(5) $6x^4 - 3x^3 + \dfrac{22}{3}x^2 - \dfrac{5}{3}x + 2$

(6) $x^4 + \dfrac{19}{6}x^3 + \dfrac{5}{6}x^2 - \dfrac{53}{36}x + \dfrac{1}{6}$

第24回 Supplement Stage 多項式の割り算(中級編 その2)

この章は第 2 回「多項式の割り算 (中級編)」の補充問題である。この章の取り組み方は第 2 回と同じであるから第 2 回と同じように解くとよい。

制限時間A： 5 分	実施日　　　　月　　日	得点　　　／5
制限時間B： 8 分	実施日　　　　月　　日	得点　　　／5

次の $f(x), g(x)$ に対し $f(x)$ を $g(x)Q(x)+r(x)$ の形で表せ。ただし $Q(x), r(x)$ は多項式で $r(x)$ の次数は $g(x)$ の次数より小さいものとする。

(1)　$f(x) = x^3 + 4x^2 + 3x + 1,$　$g(x) = x - 1$

(2)　$f(x) = x^3 - 2x^2 + x + 2,$　$g(x) = x + 2$

(3)　$f(x) = x^3 + x^2 + 5,$　$g(x) = x - 2$

(4)　$f(x) = x^3 - 6x^2 + 5x - 1,$　$g(x) = x - 3$

(5)　$f(x) = x^3 + 3x^2 - 2x + 6,$　$g(x) = x - 1$

問題 24−1 解答

(1) $x^3 + 4x^2 + 3x + 1 = (x - 1)(x^2 + 5x + 8) + 9$

(2) $x^3 - 2x^2 + x + 2 = (x + 2)(x^2 - 4x + 9) - 16$

(3) $x^3 + x^2 + 5 = (x - 2)(x^2 + 3x + 6) + 17$

(4) $x^3 - 6x^2 + 5x - 1 = (x - 3)(x^2 - 3x - 4) - 13$

(5) $x^3 + 3x^2 - 2x + 6 = (x - 1)(x^2 + 4x + 2) + 8$

制限時間 A： **5** 分	実施日	月　　日	得点	／5
制限時間 B： **8** 分	実施日	月　　日	得点	／5

次の $f(x), g(x)$ に対し $f(x)$ を $g(x)Q(x)+r(x)$ の形で表せ。ただし $Q(x), r(x)$ は多項式で $r(x)$ の次数は $g(x)$ の次数より小さいものとする。

(1)　$f(x) = x^3 + 6x^2 + x + 2, \quad g(x) = x - 2$

(2)　$f(x) = x^3 - 2x^2 + 2x - 5, \quad g(x) = x + 1$

(3)　$f(x) = x^3 + 3x^2 - 6x - 9, \quad g(x) = x + 2$

(4)　$f(x) = x^4 + 2x^3 - 3x^2 - x + 4, \quad g(x) = x - 1$

(5)　$f(x) = x^4 - 3x^3 + 2x^2 - 6x + 2, \quad g(x) = x + 3$

問題 24-2 解答

(1) $x^3 + 6x^2 + x + 2 = (x - 2)(x^2 + 8x + 17) + 36$

(2) $x^3 - 2x^2 + 2x - 5 = (x + 1)(x^2 - 3x + 5) - 10$

(3) $x^3 + 3x^2 - 6x - 9 = (x + 2)(x^2 + x - 8) + 7$

(4) $x^4 + 2x^3 - 3x^2 - x + 4 = (x - 1)(x^3 + 3x^2 - 1) + 3$

(5) $x^4 - 3x^3 + 2x^2 - 6x + 2 = (x + 3)(x^3 - 6x^2 + 20x - 66) + 200$

次の $f(x), g(x)$ に対し $f(x)$ を $g(x)Q(x) + r(x)$ の形で表せ。ただし $Q(x), r(x)$ は多項式で $r(x)$ の次数は $g(x)$ の次数より小さいものとする。

(1)　$f(x) = x^3 - 4x^2 + 2x - 3,$　$g(x) = x - 3$

(2)　$f(x) = x^3 + x^2 + 6x,$　$g(x) = x + 2$

(3)　$f(x) = x^4 + x^3 - 5x^2 - x + 2,$　$g(x) = x + 3$

(4)　$f(x) = x^4 - 2x^3 + x^2 - 4x + 1,$　$g(x) = x + 1$

(5)　$f(x) = x^4 - 3x^2 + 5x - 2,$　$g(x) = x + 4$

問題 24-3 解答

(1) $x^3 - 4x^2 + 2x - 3 = (x-3)(x^2 - x - 1) - 6$

(2) $x^3 + x^2 + 6x = (x+2)(x^2 - x + 8) - 16$

(3) $x^4 + x^3 - 5x^2 - x + 2 = (x+3)(x^3 - 2x^2 + x - 4) + 14$

(4) $x^4 - 2x^3 + x^2 - 4x + 1 = (x+1)(x^3 - 3x^2 + 4x - 8) + 9$

(5) $x^4 - 3x^2 + 5x - 2 = (x+4)(x^3 - 4x^2 + 13x - 47) + 186$

制限時間 A : **5** 分	実施日	月　　日	得点	／5
制限時間 B : **8** 分	実施日	月　　日	得点	／5

次の $f(x)$, $g(x)$ に対し $f(x)$ を $g(x)Q(x)+r(x)$ の形で表せ。ただし $Q(x)$, $r(x)$ は多項式で $r(x)$ の次数は $g(x)$ の次数より小さいものとする。

(1)　$f(x) = 2x^3 + 6x^2 - 4x + 1, \quad g(x) = x + 2$

(2)　$f(x) = 3x^3 - 5x + 1, \quad g(x) = x - 2$

(3)　$f(x) = x^4 - x^3 + 4x^2 + 5, \quad g(x) = x + 1$

(4)　$f(x) = x^4 + 3x^2 - 4x - 2, \quad g(x) = x + 2$

(5)　$f(x) = x^4 + x^3 + 6x^2 - x - 1, \quad g(x) = x + 3$

問題 24−4 解答

(1) $2x^3 + 6x^2 - 4x + 1 = (x + 2)(2x^2 + 2x - 8) + 17$

(2) $3x^3 - 5x + 1 = (x - 2)(3x^2 + 6x + 7) + 15$

(3) $x^4 - x^3 + 4x^2 + 5 = (x + 1)(x^3 - 2x^2 + 6x - 6) + 11$

(4) $x^4 + 3x^2 - 4x - 2 = (x + 2)(x^3 - 2x^2 + 7x - 18) + 34$

(5) $x^4 + x^3 + 6x^2 - x - 1 = (x + 3)(x^3 - 2x^2 + 12x - 37) + 110$

| 制限時間 A : **5** 分 | 実施日 | 月　日 | 得点 | ／5 |
| 制限時間 B : **8** 分 | 実施日 | 月　日 | 得点 | ／5 |

次の $f(x), g(x)$ に対し $f(x)$ を $g(x)Q(x)+r(x)$ の形で表せ。ただし $Q(x), r(x)$ は多項式で $r(x)$ の次数は $g(x)$ の次数より小さいものとする。

(1) $f(x) = x^4 + 3x^3 - x + 7, \quad g(x) = x - 2$

(2) $f(x) = x^4 + 2x^3 - 6x^2 - x + 3, \quad g(x) = x - 1$

(3) $f(x) = x^4 - x^3 + 7x^2 - 9x + 1, \quad g(x) = x + 1$

(4) $f(x) = x^4 + 2x^3 + x^2 - 5x - 2, \quad g(x) = x^2 + x - 1$

(5) $f(x) = x^4 + 3x^3 - x^2 + 6x + 2, \quad g(x) = x^2 - x + 2$

問題 24−5 解答

(1) $x^4 + 3x^3 - x + 7 = (x - 2)(x^3 + 5x^2 + 10x + 19) + 45$

(2) $x^4 + 2x^3 - 6x^2 - x + 3 = (x - 1)(x^3 + 3x^2 - 3x - 4) - 1$

(3) $x^4 - x^3 + 7x^2 - 9x + 1 = (x + 1)(x^3 - 2x^2 + 9x - 18) + 19$

(4) $x^4 + 2x^3 + x^2 - 5x - 2 = (x^2 + x - 1)(x^2 + x + 1) - 5x - 1$

(5) $x^4 + 3x^3 - x^2 + 6x + 2 = (x^2 - x + 2)(x^2 + 4x + 1) - x$

次の $f(x), g(x)$ に対し $f(x)$ を $g(x)Q(x) + r(x)$ の形で表せ。ただし $Q(x), r(x)$ は多項式で $r(x)$ の次数は $g(x)$ の次数より小さいものとする。

(1)　$f(x) = x^4 + 5x^3 - 2x^2 + 4x + 2,\quad g(x) = x^2 + 2x - 1$

(2)　$f(x) = x^4 - 3x^3 + 4x^2 - 5x + 1,\quad g(x) = x^2 + 3x + 2$

(3)　$f(x) = x^4 + 2x^3 + 6x - 2,\quad g(x) = x^2 - x + 4$

(4)　$f(x) = x^5 + 3x^4 + x^3 - 5x^2 + 6x - 1,\quad g(x) = x^2 + 2x + 2$

(5)　$f(x) = x^5 - x^4 + 2x^3 + 3x^2 + 5x - 4,\quad g(x) = x^2 - x + 3$

問題 24−6 解答

(1) $x^4+5x^3-2x^2+4x+2 = (x^2 + 2x - 1)(x^2 + 3x - 7) + 21x - 5$

(2) $x^4-3x^3+4x^2-5x+1 = (x^2 + 3x + 2)(x^2 - 6x + 20) - 53x - 39$

(3) $x^4 + 2x^3 + 6x - 2 = (x^2 - x + 4)(x^2 + 3x - 1) - 7x + 2$

(4) $x^5 + 3x^4 + x^3 - 5x^2 + 6x - 1$

$= (x^2 + 2x + 2)(x^3 + x^2 - 3x - 1) + 14x + 1$

(5) $x^5 - x^4 + 2x^3 + 3x^2 + 5x - 4$

$= (x^2 - x + 3)(x^3 - x + 2) + 10x - 10$

次の $f(x), g(x)$ に対し $f(x)$ を $g(x)Q(x) + r(x)$ の形で表せ。ただし $Q(x), r(x)$ は多項式で $r(x)$ の次数は $g(x)$ の次数より小さいものとする。

(1)　$f(x) = x^5 + 6x^4 + 7x^3 - x^2 + x + 2,$　$g(x) = x^2 + 2x + 3$

(2)　$f(x) = x^5 - 3x^4 + 6x^2 + 2x + 3,$　$g(x) = x^2 + x + 2$

(3)　$f(x) = x^5 + 2x^3 + 3x^2 - 4,$　$g(x) = x^2 - 2x + 3$

(4)　$f(x) = x^5 + 3x^4 + x^3 - 2x^2 - 5x + 1,$　$g(x) = x^3 + x^2 + 3x - 1$

(5)　$f(x) = x^5 - 6x^4 + 3x^3 + x^2 - 7x + 3,$　$g(x) = x^3 + x^2 - 3x + 2$

問題 24−7 解答

(1) $x^5 + 6x^4 + 7x^3 - x^2 + x + 2$

$= (x^2 + 2x + 3)(x^3 + 4x^2 - 4x - 5) + 23x + 17$

(2) $x^5 - 3x^4 + 6x^2 + 2x + 3$

$= (x^2 + x + 2)(x^3 - 4x^2 + 2x + 12) - 14x - 21$

(3) $x^5 + 2x^3 + 3x^2 - 4$

$= (x^2 - 2x + 3)(x^3 + 2x^2 + 3x + 3) - 3x - 13$

(4) $x^5 + 3x^4 + x^3 - 2x^2 - 5x + 1$

$= (x^3 + x^2 + 3x - 1)(x^2 + 2x - 4) - 3x^2 + 9x - 3$

(5) $x^5 - 6x^4 + 3x^3 + x^2 - 7x + 3$

$= (x^3 + x^2 - 3x + 2)(x^2 - 7x + 13) - 35x^2 + 46x - 23$

通分 (その2)

この章は第 5 回「通分」の補充問題である。この章の取り組み方は第 5 回と同じであるから第 5 回と同じように解くとよい。

次の分数式を通分せよ。

(1) $\dfrac{2}{x+1} + \dfrac{3}{x+3}$

(2) $\dfrac{4}{x} + \dfrac{3}{x+1}$

(3) $\dfrac{2}{x-1} + \dfrac{5}{x+1}$

(4) $\dfrac{1}{x+2} + \dfrac{2}{x-3}$

(5) $\dfrac{3}{x+5} + \dfrac{4}{x+1}$

問題 25−1 解答

(1) $\dfrac{5x+9}{(x+1)(x+3)}$ (2) $\dfrac{7x+4}{x(x+1)}$ (3) $\dfrac{7x-3}{(x-1)(x+1)}$

(4) $\dfrac{3x+1}{(x+2)(x-3)}$ (5) $\dfrac{7x+23}{(x+5)(x+1)}$

436

問題 **25-2**	今週のテーマ **通分（その2）**						
	1	**2**	3	4	5	6	7

制限時間 A：**3** 分	実施日	月　日	得点	／5
制限時間 B：**5** 分	実施日	月　日	得点	／5

次の分数式を通分せよ。

(1) $\dfrac{2}{x+2} + \dfrac{7}{x+6}$

(2) $\dfrac{3}{x+8} + \dfrac{4}{x-12}$

(3) $\dfrac{2}{x+9} + \dfrac{3}{x+13}$

(4) $\dfrac{5}{x-12} + \dfrac{3}{x+15}$

(5) $\dfrac{6}{x+11} + \dfrac{3}{x+21}$

問題 25 − 2 解答

(1) $\dfrac{9x + 26}{(x + 2)(x + 6)}$　　(2) $\dfrac{7x - 4}{(x + 8)(x - 12)}$

(3) $\dfrac{5x + 53}{(x + 9)(x + 13)}$　　(4) $\dfrac{8x + 39}{(x - 12)(x + 15)}$

(5) $\dfrac{9x + 159}{(x + 11)(x + 21)}$

次の分数式を通分せよ。

(1)　$\dfrac{5}{x+7} + \dfrac{3}{x-9}$

(2)　$\dfrac{2}{x+12} + \dfrac{5}{x+13}$

(3)　$\dfrac{5}{x+23} + \dfrac{4}{x+16}$

(4)　$\dfrac{6}{x+2} - \dfrac{2}{x+3}$

(5)　$\dfrac{3}{x-4} - \dfrac{4}{x-5}$

問題 25-3 解答

(1) $\dfrac{8x-24}{(x+7)(x-9)}$ (2) $\dfrac{7x+86}{(x+12)(x+13)}$

(3) $\dfrac{9x+172}{(x+23)(x+16)}$ (4) $\dfrac{4x+14}{(x+2)(x+3)}$

(5) $\dfrac{-x+1}{(x-4)(x-5)}$

次の分数式を通分せよ。

(1) $\dfrac{3}{x+18} + \dfrac{2}{x+14}$

(2) $\dfrac{6}{x-3} - \dfrac{4}{x+2}$

(3) $\dfrac{5}{x-12} - \dfrac{3}{x+6}$

(4) $\dfrac{3}{2x-1} + \dfrac{4}{3x-2}$

(5) $\dfrac{4}{3x+1} + \dfrac{3}{2x-5}$

問題 25-4 解答

(1) $\dfrac{5x + 78}{(x + 18)(x + 14)}$ (2) $\dfrac{2x + 24}{(x - 3)(x + 2)}$

(3) $\dfrac{2x + 66}{(x - 12)(x + 6)}$ (4) $\dfrac{17x - 10}{(2x - 1)(3x - 2)}$

(5) $\dfrac{17x - 17}{(3x + 1)(2x - 5)}$

次の分数式を通分せよ。

(1) $\dfrac{3}{x-6} - \dfrac{4}{x+2}$

(2) $\dfrac{2}{4x+1} + \dfrac{5}{3x-4}$

(3) $\dfrac{4}{5x+2} + \dfrac{2}{2x-3}$

(4) $\dfrac{x+1}{2x-1} + \dfrac{x}{3x+1}$

(5) $\dfrac{x-1}{2x+3} + \dfrac{x+1}{x-1}$

問題 25-5 解答

(1) $\dfrac{-x + 30}{(x - 6)(x + 2)}$

(2) $\dfrac{26x - 3}{(4x + 1)(3x - 4)}$

(3) $\dfrac{18x - 8}{(5x + 2)(2x - 3)}$

(4) $\dfrac{5x^2 + 3x + 1}{(2x - 1)(3x + 1)}$

(5) $\dfrac{3x^2 + 3x + 4}{(2x + 3)(x - 1)}$

次の分数式を通分せよ。

(1) $\dfrac{4}{3x+2} + \dfrac{3}{2x+3}$

(2) $\dfrac{x}{2x+1} + \dfrac{x-2}{3x+2}$

(3) $\dfrac{x-1}{5x+3} + \dfrac{x+2}{4x-1}$

(4) $\dfrac{2x+1}{3x+7} + \dfrac{3x-1}{2x-3}$

(5) $\dfrac{3x-2}{2x+5} - \dfrac{x+2}{3x+5}$

問題 25−6 解答

(1) $\dfrac{17x + 18}{(3x + 2)(2x + 3)}$

(2) $\dfrac{5x^2 - x - 2}{(2x + 1)(3x + 2)}$

(3) $\dfrac{9x^2 + 8x + 7}{(5x + 3)(4x - 1)}$

(4) $\dfrac{13x^2 + 14x - 10}{(3x + 7)(2x - 3)}$

(5) $\dfrac{7x^2 - 20}{(2x + 5)(3x + 5)}$

次の分数式を通分せよ。

(1) $\dfrac{x+1}{3x+8} + \dfrac{x-2}{4x-7}$

(2) $\dfrac{x-2}{2x+9} - \dfrac{x+1}{3x-1}$

(3) $\dfrac{2x-1}{5x+2} + \dfrac{3x-1}{3x+7}$

(4) $\dfrac{3x-2}{4x-3} + \dfrac{4x+1}{2x+5}$

(5) $\dfrac{5x+8}{7x+6} - \dfrac{3x+1}{8x-2}$

問題 25-7 解答

(1) $\dfrac{7x^2 - x - 23}{(3x + 8)(4x - 7)}$

(2) $\dfrac{x^2 - 18x - 7}{(2x + 9)(3x - 1)}$

(3) $\dfrac{21x^2 + 12x - 9}{(5x + 2)(3x + 7)}$

(4) $\dfrac{22x^2 + 3x - 13}{(4x - 3)(2x + 5)}$

(5) $\dfrac{19x^2 + 29x - 22}{(7x + 6)(8x - 2)}$

多項式の割り算 (上級編 その2)

この章は第 20 回「多項式の割り算（上級編）」の補充問題である。この章の取り組み
方は第 20 回と同じであるから第 20 回と同じように解くとよい。

	1	2	3	4	5	6	7

制限時間 A： 5 分	実施日　　　月　　日	得点	／5
制限時間 B： 8 分	実施日　　　月　　日	得点	／5

次の $f(x), g(x)$ に対し $f(x)$ を $g(x)Q(x) + r(x)$ の形で表せ。ただし $Q(x), r(x)$ は多項式で $r(x)$ の次数は $g(x)$ の次数より小さいものとする。

(1)　$f(x) = x^3 + 4x^2 + 3,$　　　　　$g(x) = x + 2$

(2)　$f(x) = x^3 + 2x^2 + 3x + 1,$　$g(x) = x - 3$

(3)　$f(x) = 2x^3 + x + 4,$　　　　　$g(x) = x^2 + 2x - 1$

(4)　$f(x) = x^4 + 2x^2 - x,$　　　　　$g(x) = x + 1$

(5)　$f(x) = x^4 + 3x^3 + x + 2,$　$g(x) = x^2 + x + 2$

問題 26−1 解答

(1) $x^3 + 4x^2 + 3 = (x + 2)(x^2 + 2x - 4) + 11$

(2) $x^3 + 2x^2 + 3x + 1 = (x - 3)(x^2 + 5x + 18) + 55$

(3) $2x^3 + x + 4 = (x^2 + 2x - 1)(2x - 4) + 11x$

(4) $x^4 + 2x^2 - x = (x + 1)(x^3 - x^2 + 3x - 4) + 4$

(5) $x^4 + 3x^3 + x + 2 = (x^2 + x + 2)(x^2 + 2x - 4) + x + 10$

制限時間 A：**5** 分	実施日	月　日	得点	／5
制限時間 B：**8** 分	実施日	月　日	得点	／5

次の $f(x)$, $g(x)$ に対し $f(x)$ を $g(x)Q(x)+r(x)$ の形で表せ。ただし $Q(x)$, $r(x)$ は多項式で $r(x)$ の次数は $g(x)$ の次数より小さいものとする。

(1)　$f(x) = x^3 + 3x^2 + 4x - 2$,　　　$g(x) = x + 4$

(2)　$f(x) = 2x^3 - x^2 + x + 1$,　　　$g(x) = x^2 - 2x - 1$

(3)　$f(x) = 3x^3 + 2x^2 + x + 4$,　　　$g(x) = x^2 + x + 2$

(4)　$f(x) = x^4 + 3x^2 + x - 2$,　　　$g(x) = x + 2$

(5)　$f(x) = 2x^4 - x^3 + 3x^2 - 3x + 1$,　　$g(x) = x^2 + x - 3$

問題 26-2 解答

(1) $x^3 + 3x^2 + 4x - 2 = (x+4)(x^2 - x + 8) - 34$

(2) $2x^3 - x^2 + x + 1 = (x^2 - 2x - 1)(2x + 3) + 9x + 4$

(3) $3x^3 + 2x^2 + x + 4 = (x^2 + x + 2)(3x - 1) - 4x + 6$

(4) $x^4 + 3x^2 + x - 2 = (x+2)(x^3 - 2x^2 + 7x - 13) + 24$

(5) $2x^4 - x^3 + 3x^2 - 3x + 1$

$= (x^2 + x - 3)(2x^2 - 3x + 12) - 24x + 37$

制限時間 A : **5** 分	実施日	月　日	得点	／5
制限時間 B : **8** 分	実施日	月　日	得点	／5

次の $f(x)$, $g(x)$ に対し $f(x)$ を $g(x)Q(x) + r(x)$ の形で表せ。ただし $Q(x)$, $r(x)$ は多項式で $r(x)$ の次数は $g(x)$ の次数より小さいものとする。

(1)　$f(x) = 2x^3 + 4x^2 + 1$,　　　$g(x) = x^2 + 3x + 1$

(2)　$f(x) = 4x^3 + 2x^2 - 3x - 3$,　$g(x) = x^2 - 2x - 1$

(3)　$f(x) = 2x^4 + x^2 - 4x - 1$,　$g(x) = x^2 - x - 3$

(4)　$f(x) = 3x^4 + 2x^2 + 4x + 2$,　$g(x) = x^2 + 2x - 4$

(5)　$f(x) = 4x^3 + 8x + 2$,　　　　$g(x) = 2x - 1$

問題 26-3 解答

(1) $2x^3 + 4x^2 + 1 = (x^2 + 3x + 1)(2x - 2) + 4x + 3$

(2) $4x^3 + 2x^2 - 3x - 3 = (x^2 - 2x - 1)(4x + 10) + 21x + 7$

(3) $2x^4 + x^2 - 4x - 1 = (x^2 - x - 3)(2x^2 + 2x + 9) + 11x + 26$

(4) $3x^4 + 2x^2 + 4x + 2 = (x^2 + 2x - 4)(3x^2 - 6x + 26) - 72x + 106$

(5) $4x^3 + 8x + 2 = (2x - 1)\left(2x^2 + x + \dfrac{9}{2}\right) + \dfrac{13}{2}$

次の $f(x), g(x)$ に対し $f(x)$ を $g(x)Q(x)+r(x)$ の形で表せ。ただし $Q(x), r(x)$ は多項式で $r(x)$ の次数は $g(x)$ の次数より小さいものとする。

(1) $f(x) = x^3 + 5x^2 + 2x,$ $\quad g(x) = x^2 + x - 2$

(2) $f(x) = 2x^3 - 4x^2 + x + 2,$ $\quad g(x) = x^2 + 2$

(3) $f(x) = x^3 + 5x^2 + 1,$ $\quad g(x) = x^2 + 4x$

(4) $f(x) = x^3 - 2x^2 + 5x + 2,$ $\quad g(x) = 2x + 3$

(5) $f(x) = x^4 + 3x^2 + 2x + 2,$ $\quad g(x) = x^2 - 2x$

問題 26−4 解答

(1) $x^3 + 5x^2 + 2x = (x^2 + x - 2)(x + 4) + 8$

(2) $2x^3 - 4x^2 + x + 2 = (x^2 + 2)(2x - 4) - 3x + 10$

(3) $x^3 + 5x^2 + 1 = (x^2 + 4x)(x + 1) - 4x + 1$

(4) $x^3 - 2x^2 + 5x + 2 = (2x + 3)\left(\dfrac{1}{2}x^2 - \dfrac{7}{4}x + \dfrac{41}{8}\right) - \dfrac{107}{8}$

(5) $x^4 + 3x^2 + 2x + 2 = (x^2 - 2x)(x^2 + 2x + 7) + 16x + 2$

次の $f(x), g(x)$ に対し $f(x)$ を $g(x)Q(x)+r(x)$ の形で表せ。ただし $Q(x), r(x)$ は多項式で $r(x)$ の次数は $g(x)$ の次数より小さいものとする。

(1) $f(x) = x^4 + 3x^3 - 2x^2 - 3,$ $\qquad g(x) = x^2 + 3x - 2$

(2) $f(x) = x^3 + 4x^2 + x + 1,$ $\qquad g(x) = 3x - 1$

(3) $f(x) = x^3 - 3x^2 + 2x + 1,$ $\qquad g(x) = 3x + 2$

(4) $f(x) = x^4 + 2x^3 + x^2 - 2x - 1,$ $\quad g(x) = 2x - 1$

(5) $f(x) = x^4 - 3x^2 + 2,$ $\qquad g(x) = 2x + 1$

問題 26−5 解答

(1) $x^4 + 3x^3 - 2x^2 - 3 = (x^2 + 3x - 2)x^2 - 3$

(2) $x^3 + 4x^2 + x + 1 = (3x - 1)\left(\dfrac{1}{3}x^2 + \dfrac{13}{9}x + \dfrac{22}{27}\right) + \dfrac{49}{27}$

(3) $x^3 - 3x^2 + 2x + 1 = (3x + 2)\left(\dfrac{1}{3}x^2 - \dfrac{11}{9}x + \dfrac{40}{27}\right) - \dfrac{53}{27}$

(4) $x^4 + 2x^3 + x^2 - 2x - 1$

$= (2x - 1)\left(\dfrac{1}{2}x^3 + \dfrac{5}{4}x^2 + \dfrac{9}{8}x - \dfrac{7}{16}\right) - \dfrac{23}{16}$

(5) $x^4 - 3x^2 + 2 = (2x + 1)\left(\dfrac{1}{2}x^3 - \dfrac{1}{4}x^2 - \dfrac{11}{8}x + \dfrac{11}{16}\right) + \dfrac{21}{16}$

多項式の割り算（上級編その2）

	1	2	3	4	5	6	7

制限時間 A：**5** 分	実施日	月　　日	得点	/5
制限時間 B：**8** 分	実施日	月　　日	得点	/5

次の $f(x), g(x)$ に対し $f(x)$ を $g(x)Q(x)+r(x)$ の形で表せ。ただし $Q(x), r(x)$ は多項式で $r(x)$ の次数は $g(x)$ の次数より小さいものとする。

(1) $f(x) = 3x^3 + 2x^2 + x - 2$, $\qquad g(x) = 3x - 1$

(2) $f(x) = 4x^3 + 3x^2 - 2x + 1$, $\qquad g(x) = 2x - 3$

(3) $f(x) = 2x^4 + x^3 + 4x + 1$, $\qquad g(x) = x^2 + x + 2$

(4) $f(x) = x^5 + 3x^3 + 2x^2 - 1$, $\qquad g(x) = x^2 + x - 3$

(5) $f(x) = x^5 - 2x^4 + 3x^3 + x + 1$, $\quad g(x) = x^2 + 2x - 2$

問題 26-6 解答

(1) $\quad 3x^3 + 2x^2 + x - 2 = (3x - 1)\left(x^2 + x + \dfrac{2}{3}\right) - \dfrac{4}{3}$

(2) $\quad 4x^3 + 3x^2 - 2x + 1 = (2x - 3)\left(2x^2 + \dfrac{9}{2}x + \dfrac{23}{4}\right) + \dfrac{73}{4}$

(3) $\quad 2x^4 + x^3 + 4x + 1 = (x^2 + x + 2)(2x^2 - x - 3) + 9x + 7$

(4) $\quad x^5 + 3x^3 + 2x^2 - 1 = (x^2 + x - 3)(x^3 - x^2 + 7x - 8) + 29x - 25$

(5) $\quad x^5 - 2x^4 + 3x^3 + x + 1$

$\quad = (x^2 + 2x - 2)(x^3 - 4x^2 + 13x - 34) + 95x - 67$

問題	今週のテーマ	多項式の割り算（上級編その2）						
26－7		1	2	3	4	5	6	7

制限時間A： 5 分	実施日	月 日	得点	/5
制限時間B： 8 分	実施日	月 日	得点	/5

次の $f(x), g(x)$ に対し $f(x)$ を $g(x)Q(x) + r(x)$ の形で表せ。ただし $Q(x), r(x)$ は多項式で $r(x)$ の次数は $g(x)$ の次数より小さいものとする。

(1) $f(x) = x^3 + x + 2,$ $\quad g(x) = 3x - 2$

(2) $f(x) = 3x^3 + 2x^2 - 1,$ $\quad g(x) = 3x - 1$

(3) $f(x) = x^5 + 3x^4 - 2x^3 + 2x^2 + x - 2,$ $\quad g(x) = x^2 + 3x - 1$

(4) $f(x) = 2x^3 + 3x^2 + 2x + 4,$ $\quad g(x) = 2x^2 + 3x + 1$

(5) $f(x) = x^4 + 2x^3 - 4x + 1,$ $\quad g(x) = 2x^2 + 1$

問題 26−7 解答

(1) $x^3 + x + 2 = (3x - 2)\left(\dfrac{1}{3}x^2 + \dfrac{2}{9}x + \dfrac{13}{27}\right) + \dfrac{80}{27}$

(2) $3x^3 + 2x^2 - 1 = (3x - 1)\left(x^2 + x + \dfrac{1}{3}\right) - \dfrac{2}{3}$

(3) $x^5 + 3x^4 - 2x^3 + 2x^2 + x - 2$

$= (x^2 + 3x - 1)(x^3 - x + 5) - 15x + 3$

(4) $2x^3 + 3x^2 + 2x + 4 = (2x^2 + 3x + 1)x + x + 4$

(5) $x^4 + 2x^3 - 4x + 1 = (2x^2 + 1)\left(\dfrac{1}{2}x^2 + x - \dfrac{1}{4}\right) - 5x + \dfrac{5}{4}$

あとがき

　本書の前身は 2007 年に出版された「数学の計算革命」ですが，初版
当初から受験生に一定のニーズと信頼を得てきたと自負しています。そ
の後，高校数学の課程も変わったこともあり，今回，一度改訂したもの
をさらに部分的に新しくしました。主な改訂ポイントは，これまで読者からは「制限
時間が厳しくないか」という意見をいただいていましたので，制限時間を再検討し，
2 種類の制限時間を用意したことです。とは言うものの読者には制限時間 A を目指し
てもらいたいと思います。方針等の変更はありません。

　さて，ここからは初版本のあとがきからの抜粋です。初版を完成したときの私の考
え方，意気込みは今もなお不変です。

（ここから，初版のあとがきから）

　さて，教育現場でよく耳にする試験を受けた後の高校生の嘆きごととして
　　「わかっていたのにいつも計算ミスをしてほとんど点がありません。こういう場
　　合どうすればよいですか。」
といったものがあります。このような嘆きは最近に始まったものではないでしょう。
そしてこの嘆きに対しては以前は「努力しなさい」とか「慣れるまでやるしかない
ですね」などで済まされていたのかもしれません。しかし，数学教育を牽引する者と
していつまでもこのような「嘆き」を軽視するわけにもいかず，原因と対応策を研究
し，その結果として本書が完成されました。

★　　　★　　　★

　本書のタイトルにある「革命」についてですが，これには次の 2 つの意味があります。

① 今までにない斬新な内容をもつ「革命的な書」であるということから
　どのような点が革命的かといえば，それは現段階では存在しない次のような点です。
- ● 計算の「正確さ」を鍛えるための演習書である。この「正確さ」に着目した演
　習を行うことは今までにない革命的な指導法である。
- ● 数学が十分できる人が自然発生的に行っているであろう要領のよい計算，上手
　な計算を集めて紹介した。（注：すべての章で紹介しているわけではありません）
- ● 確実に理解するためにウェブを利用した動画による支援を用意した。
　これらについては，近い将来「普通」のことになるでしょうが，現段階では「革命的」

と考えました[8]。

② 読者自身に「革命」を起こしてもらいたいという期待から

　　革命の本来の意味は，身分あるいは階級が低い市民がそれまでの社会制度を壊し身分の上下を逆転することでしょう。ところで，みなさんには数学の試験ではどうしても勝てない知り合いが一人二人あるいは大勢いる人はいませんか。このような人の中には

　　「このまま彼らに負け続けたくはない。」

　　「しかし，今までの勉強方法では（成績が）逆転できるとは思えない。」

このように考えている人も多くいることと思います。まえがきでも説明しましたが，受験数学に必要な能力とは「思考力」，「知識力」，「実行力(計算力)」であり，「思考力」の不足を「実行力」で補うことも場合によっては可能なのです。「思考力」の不足が原因でいつも試験で負け続けている人に対して同じ方法で競うのではなく「実行力」で勝負することも有効な手段なのです。この「実行力」は，本書のような方法で鍛えた経験をもたない人にとっては潜在する「眠っている力」であり，その「埋蔵量」しだいではみなさんの運命を変えるくらいに鍛える価値のあるものです。この眠っている力を起こすことによって，控えめに言えば「今よりも多少，試験の成績が上がる」，派手に言えば「今まで数学の試験で負け続けた知人に対し，大逆転という革命を起こす」ようになるでしょう。もうおわかりでしょうが，

革命を起こすのは読者のみなさん自身なのです。

★　　　　★　　　　★

（ここまで，初版本からの抜粋）

　　今回は小規模な改訂になりましたが，読者に計算力をつけてもらいたいという思いは初版刊行時から変わりません。引き続き本書が読者の計算力に役立つように願っています。

著者　清　史弘

---

[8] 2007 年では「動画解説付き」の書籍としては最先端を行くものでした。このときの予想通り，現在はあまり珍しくないものになりました。

著者紹介

清　史弘　（せい　ふみひろ）

　大学院在学中から駿台予備学校の数学科の講師として勤め現在に至る。大学の講師も勤めた他に，複数の数理科学系の財団法人，NPO 法人の評議員，顧問などにも就いていたこともある。また，地方の教育委員会から依頼された講演活動も行うなど現在は数学教育に関して幅広く活動している。また，年間に数件（5〜70 曲程度）ではあるが，依頼に応じて作曲活動も行っている。

　これまでには，受験参考書の他に，楽譜，CD，小説，映画などが書店に並んだ。

　誤植の連絡および報告，本書に対する意見などはこちらからも受け付けています。

https://www.math.co.jp/

数学の計算革命〈三訂版〉

著　　　者	清　　史　弘	
発　行　者	山　﨑　良　子	
印刷・製本	三 美 印 刷 株 式 会 社	
発　行　所	駿 台 文 庫 株 式 会 社	

〒101-0062　東京都千代田区神田駿河台1-7-4
小畑ビル内
TEL. 編集　03(5259)3302
販売　03(5259)3301
《① － 484pp.》

ISBN978－4－7961－1349－6　　　Printed in Japan

駿台文庫 Web サイト
https://www.sundaibunko.jp